雲のかたち
立体的観察図鑑

文・写真
村井昭夫

草思社

まえがき　5

プロローグ　雲を楽しむための基本を身につけよう　6

第1章　雲の高さの違い　9

第2章　一番高い雲「巻雲」　19

第3章　雲の代表選手「積雲」　27

第4章　地表に最も近い雲「層雲」　37

第5章　空の暴れん坊「積乱雲」　43

第6章　人間がつくり出した雲「飛行機雲」　51

第7章　ベール雲・ずきん雲　57

第8章　尾流雲・降水雲　61

第9章 レンズ雲・笠雲 67

第10章 波状雲・ロール雲 77

第11章 雲の隊列 85

第12章 雲頂の表情 91

第13章 地形にせき止められる雲 101

第14章 山々とのコラボ 109

第15章 雲と光の模様 119

第16章 光と色の現象 127

ミニ解説　３D写真とは？　18
ミニ解説　実は2種類ある飛行機雲　56
ミニ解説　雲の細胞　100
ミニ解説　山の高さと雲の高さ　108
ミニ解説　光の現象をつくり出す氷晶のはたらき　136

コラム　地表の模様を楽しむ　26
コラム　空港を楽しむ　56
コラム　山々の姿を楽しむ　76
コラム　飛行機から雲を楽しむときの3つの困難　100
コラム　飛行機から雲の写真を撮るときのカメラ　118

エピローグ　飛行機から雲を楽しむために　137

あとがき　143

本文デザイン　Malpu Design（佐野佳子）

まえがき

北海道女満別空港から離陸し、雲の世界へ出発。
奥に見えるのは網走湖。

普段、人間は地表面から離れることなく深い大気の底で生活し、上方を流れる雲を眺めています。いわば、私たちは海底に住むカニのようなもの。海底から、魚たちがはるか上方を自由に泳ぎ回るのを見ているのと同じ視線で、大気中の現象＝雲を観察しているわけです。

ここでひとつ、視点を変えて上から雲を観察してみましょう。本書は空＝飛行機から見える雲と空の写真を使って、より立体的に「本当の雲の姿」を知るための本です。

飛行機の窓から見える雲の姿は、地上から見るのとはまったく違っています。無数の突起ができて泡立つような雲頂、何層にも折り重なるようにしてできる高さの違う雲、数百kmにわたって並ぶ雲の列。どれもが今までに目にしたことがない雲たちの姿です。そこには驚きと、同時にいくつもの新しい発見があります。

本書ではそれら飛行機から見ることができる雲を種類や形状、現象により16章に分けて紹介しています。また、はじめて雲の3D写真を使って、上空からの雲のようすを立体的にとらえることができるようにしました。鳥になった気分で、1枚の写真では得られることのない奥行きのある世界を楽しんでください。そこには今まで知らなかった新しい発見が必ずあるはずです。

私は普段から雲を見て心をいやされ、自然の偉大さを実感しています。そんな私にとって、たまに乗る飛行機からの雲の姿はこの上ない楽しみであり、新しい発見と思考の刺激をもたらしてくれます。この密かな楽しみをみなさんとともに分かち合いたいと思っています。

本書を読み終わったとき、平面的な思考を抜け出して、ものごとを立体的に見ることの重要性を感じていただけるはずです。それはすなわち、あなたの視野が広がった証しでもあるのです。

村井 昭夫

プロローグ

雲を楽しむための基本を身につけよう

これからみなさんには、普段は体験することのない、上方からの視点で、雲の形や現象を楽しんでいただきます。本書は、ただページをめくって眺めるだけでも充分に楽しめるようにできていますが、少し雲に関する知識があれば何十倍も楽しめるはずです。それはみなさんご自身が飛行機に乗って、窓から雲を見るときでも同様。「雲を楽しもう」と思ったら、基本的な雲の知識を持っていたほうが楽しみが増えることは間違いありません。

1．雲のできる場所と大気の構造

地球の大気の範囲（大気圏）は、地表からおよそ800kmの高さまでとされています（何を基準にするかで諸説あります）。この大気圏は、温度の変化のようすによって、下層から「対流圏」「成層圏」「中間圏」「熱圏」と大きく4つの層に分けられており（図1）、雲や雨・雷・虹など、私たちに身近な気象現象は、すべて地表面から15000mまでの大気最下層の「対流圏」で起きている現象です。

ここでは大気の対流活動が盛んであり、それにより雲が発生し、同時に雨・雪・雷・竜巻などのいろいろな気象現象が起きているのです。

地球全体から見れば、対流圏は大気のわずか1/50ほど、地球の直径（約13000km）の1/800以下の厚さしかありません。私たちの生活に大きく関わる気象現象は、まさに大気の底のほんのわずかの高さの空間で起きているといえるのです。

私たちが見上げる雲の中で一番高くにできる巻雲でさえ、大気の厚さを考えれば、実はほとんど地表面すれすれの高さにあるといってもよいくらいです。

本書では飛行機の窓から見るいろいろな雲を扱っていますが、私たちの乗る飛行機は普通、この薄い対流圏の上部、成層圏との境界付近（「対流圏界面」といいます）を飛行しています（ただし、国内線は対流圏の中ほど、7000mくらいを飛行しているものもあります）。

本書を読むみなさんにはまず「私たちは大気圏の最下層、対流圏を飛ぶ飛行機からの現象を見ている」ということを認識していただきたいと思います。

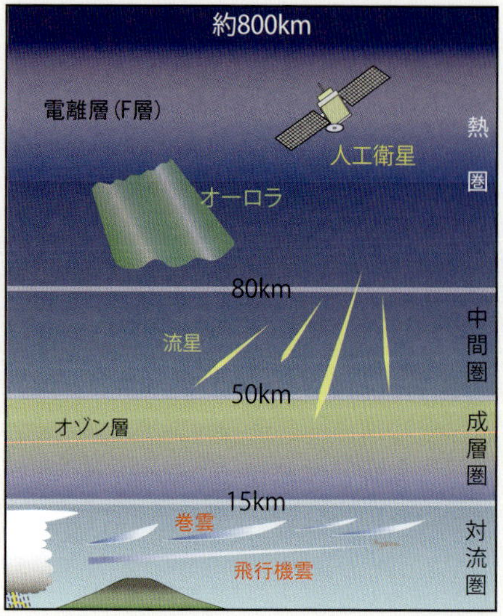

図1　地球大気の構造模式図。各層の厚さの比は実際とは異なっています。

2．雲の名前とできる高さ

さて、本書には雲の名前がたくさん出てきます。実は、すべての雲はたった10種の基本形に分類されます。これを「10種雲形」といい、高さと形によって名前が決められています。図2は雲のできる高さを比べたもの。雲を理解し本書をより楽しむためにも、まず雲ができる高さと雲の名前のつき方を理解しておきましょう。

雲のできる高さと種類

雲のできる高さは大きく3つに分けられ、それぞれ下層雲・中層雲・上層雲と分類されています。

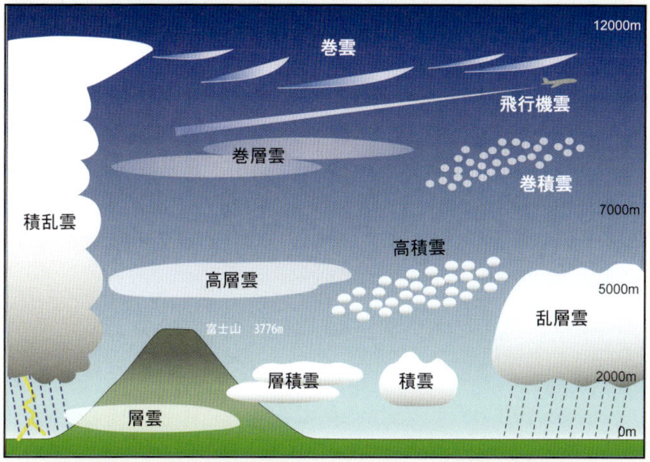

図2　10種の雲のできる高さモデル。図はおおよその相対的な高さを示しています。雲のできる高さは気象条件や季節などによって大きく変わります。また、図中の雲片の大きさは実際の大きさの比ではありません。

❶**下層雲**（高度数十m～2000m）

層雲・積雲・層積雲

❷**中層雲**（高度2000m～7000m）

高層雲・高積雲・乱層雲

❸**上層雲**（高度5000m～12000m）

巻雲・巻積雲・巻層雲

それぞれの高度が重複しているのは、季節や大気の状態によって同じ分類の雲でも、できる高度が変わるためです。中層の雲に区分されている乱層雲は、中層を中心にしながらも下層から上層まで厚く広がります。また3つの層のどれにも入っていない積乱雲は、雲底は下層にありますが、雲頂ははるか上層に達する背の高い雲であるため、高さでの区分はされてはいません。

雲の名前のルール

高さを基本にして、雲の名前のつき方には次のようなルールがあります。雲の観察にはこれを理解しておくと便利です。

ルール1　「高さ」

「巻○○」というように、名前の頭に「巻」の文字がつくと上層の雲、「高○○」と「高」がつくと中層にできる雲。「巻」も「高」もつかないときは低層の雲。

ルール2　形と降水の有無

名前に「積」が入る雲はかたまり状、「層」が入る雲は広く空を覆う雲、「乱」の文字が入る雲は雨を降らせる雲。

だから、中くらいの高さのかたまり状の雲は「高積雲」となるわけです。

3．飛行機から雲を見ると何がわかるか

私たちが乗る飛行機（旅客機）は通常 10000m ～ 12000m くらいの高さを飛行しています。これは巻雲の高さとほぼ同じです（ただし、雲はできる高さが大気の条件や季節によって変わります）。だから、飛行機に乗ると巻雲以外のほとんどの雲を下方に見て、雲の雲頂部を観察できるわけです。

つまり、飛行機から雲を見ると地上からは見ることができない「雲の上部の構造」を知ることが可能になるため、雲全体のしくみを把握できることにもつながるのです。

また、地上から遠く高いところにある巻雲や巻積雲などの微細な構造を確認できますし、何層にも重なる雲の立体的な構造も手に取るようにわかるのです。

雲を見る視点を変えることによって、多くの新しい発見と驚きがあるというわけです。

さあ、本書のページをめくって、空中散歩しながら雲の形を楽しみましょう！

10 種雲形　雲の基本的な分類

雲の細分類	下層雲			中層雲			上層雲			
	層積雲	層雲	積雲	高積雲	高層雲	乱層雲	巻雲	巻積雲	巻層雲	積乱雲
種 雲を見た目の形で分類	層状雲 レンズ雲 塔状雲	霧状雲 断片雲	扁平雲 並雲 雄大雲 断片雲	層状雲 レンズ雲 塔状雲 房状雲			毛状雲 鈎状雲 濃密雲 塔状雲 房状雲	層状雲 レンズ雲 塔状雲 房状雲	毛状雲 霧状雲	無毛雲 多毛雲
変種 雲のならびかたや厚さで分類	半透明雲 隙間雲 不透明雲 二重雲 波状雲 放射状雲 蜂の巣状雲	不透明雲 半透明雲 波状雲	放射状雲	半透明雲 隙間雲 不透明雲 二重雲 波状雲 放射状雲 蜂の巣状雲	半透明雲 不透明雲 二重雲 波状雲 放射状雲		もつれ雲 放射状雲 肋骨雲 二重雲	波状雲 蜂の巣状雲	二重雲 波状雲	
副変種 雲の部分的な特徴や付随してできる雲の名称	尾流雲 乳房雲 降水雲	降水雲	頭巾雲 ベール雲 尾流雲 アーチ雲 ちぎれ雲 漏斗雲 降水雲	尾流雲 乳房雲	尾流雲 乳房雲 ちぎれ雲 降水雲	尾流雲 ちぎれ雲 降水雲	乳房雲	尾流雲 乳房雲		頭巾雲 ベール雲 尾流雲 アーチ雲 ちぎれ雲 漏斗雲 降水雲 乳房雲 かなとこ雲

参考資料：雲の大分類　10 種の雲は並び方や部分的な特徴でさらに細分化されています。
合計 100 種類ほどにもなるこの大分類の見分けかたについて、くわしくは拙著『雲のカタログ』（草思社）をご覧ください。

第1章 雲の高さの違い

私たちはつねに空を見上げて雲を観察しています。これは地表に住んでいる以上、仕方のないところ。

見上げる雲はいろいろな高さを流れていきますが、地上からは雲の高さの違い、重なっている雲のレイヤーの奥行きを実感することができません。雲の重なり方を見るということは、大気の層状構造（高さによる温度・湿度の違いや風向きの違いなど）を知ることにもなるのですが、これが地上からはよくわからないのです。

ところが、飛行機から見ると雲の見え方は一変します。雲の重なりを横から見ることができるので、雲の高さの違いをはっきり知ることができるのです。高さ 10km 程度の巻雲と、高さ数百 m ～ 2km くらいの積雲のように、大きく高さの異なる雲はもちろん、同じ中層の雲である高積雲と高層雲のわずかな高さの違いも、飛行機からなら明瞭にわかります。また、地上からはコントラストの差がなくのっぺりして見づらい雲、たとえば高層雲の下に積雲があるようなときも、両者の高さの違いがよくわかるのです。

雲を分類する上でも非常に大切な「高さの違い」とは、いったいどのようなものなのか。本章では、地上からでは決して見ることのできない、そんな雲たちの高さの違いを実感していただきます。

地上から見上げる夕方の高積雲と積雲。夕方と明け方は、太陽光が斜めから当たるので、雲の色が高さにより異なる。両者の高さの差がはっきりとわかる瞬間。

1

巻雲と積雲の高さの違い

地表近くの積雲と、飛行機より上にある巻雲が見えています。両者にはおそらく5000mほどの高さの違いがあります。
雲は何層にも重なってできていることが多いのですが、その高さの違いは、地上からでははっきりとわかりません。ところが、飛行機から見ると、その違いを実感できます。
雲片の大きさに注目すると、地上から大きく見える積雲が実はそれほど大きくはないということもわかります。積雲は地上に近いので、地上に住む私たちには大きく見えるのです。

茨城県付近

2 積雲と並ぶ

石川県小松空港から上昇中。積雲の断片雲が窓の外を通り過ぎていきます。眼下には加賀平野、はるか上空には巻積雲の膜。その間にある透明な水槽に積雲の魚が泳いでいるようです。

石川県加賀市上空

3 3層の重なり

上から、「巻雲」「高層雲」「積雲」の順に3層に重なった雲。雲は、地表から高度15km程度までの「対流圏」中にできますが、この対流圏もいくつもの空気層からできており、雲はこの層にそって何層にも重なってできるのです。上にある雲ほど薄いのは、空気が薄く、含まれている水蒸気も少ないために濃い雲ができないからです。 宮城県上空

4 厚い高層雲の下に浮かぶ積雲

厚い高層雲で太陽光が弱められた日陰の空間に、たくさんの薄くて小さな積雲片が流れていきます。コントラストが低いため、地上からではこの2 種類の雲の高さの違いを見分けるのはむずかしいでしょうが、飛行機から見れば一目瞭然です。

北海道・女満別空港へ降下中

5

層積雲に落ちる
高積雲の影

富士山をとり囲むように広がる層積雲に暗灰色の奇妙な模様ができています。これは、上空にある高積雲の影。
層積雲が大きなスクリーンをつくって影の模様を映し出しているのです。
飛行機から見ると下層の雲の雲頂に、しばしば上層の雲が落とす影を見つけることができます。
高積雲の上にはさらに高層にある巻積雲も見えています。

静岡県付近

6 層積雲海の上に広がる巻雲の濃密雲

大きく広がって地表を覆う層積雲の上に、濃く大きな巻雲が伸びています。飛行機から見ると両者の高さと形状の違いが明瞭にわかります。大きく広がる下層の層積雲のために、地上からはこの濃密雲の存在を知ることはできません。

女満別－羽田　東北地方上空

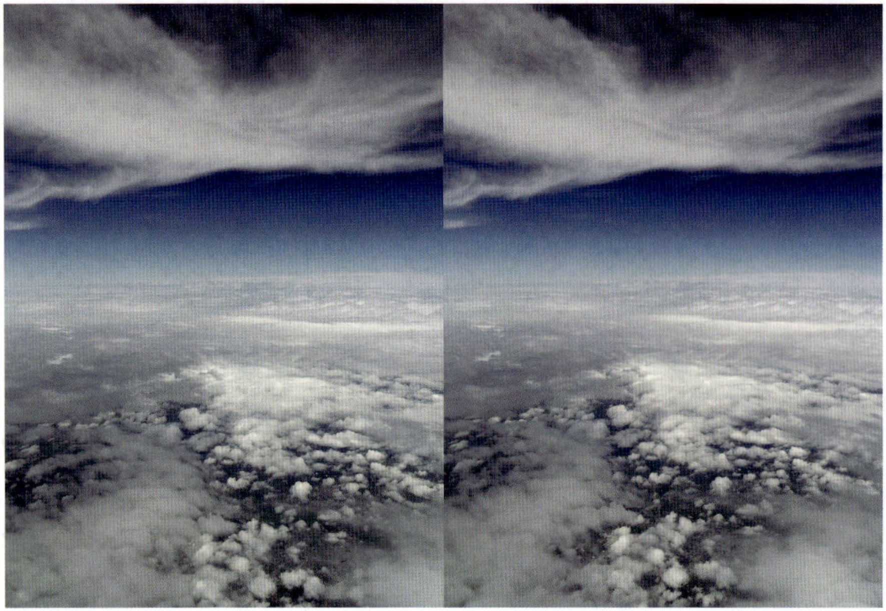

巻雲・高積雲・積雲 3層の雲のレイヤー

飛行機から撮影した3D写真をご覧ください（3D写真の見方についてはp.18を参照）。

飛行機は大気のレイヤーの中を飛びますから、雲の重なりが手に取るようにわかります。さらにそれが3D写真で見られればより強く実感できるでしょう。

写真では上に巻雲、眼下にちょっと灰色に見える高積雲、そして地表に張り付くように積雲と3つの雲のレイヤーがあるのがわかります。

明るさの差は高さの差

夕暮れ時、地表と低層の積雲は一足先に日没を迎えて暗く、上層の巻雲にだけ、まだ太陽光があたって明るく輝いています。この時間帯は明るさの差がそのまま高さの差でもあります。

これは地球が丸いことによって起きる現象。高いところほど、太陽が沈む地平線が遠くにあるためです。10000mの高さでは日没はまだ先です。

ロール状の巻雲と積雲

水平に横たわるロール状の巻雲が、下方の積雲群に覆いかぶさろうとしています。
3D で見ると、雲の高低差、鉛直方向の構造のほかにも、このように雲の中の構造も浮き上がって見ることができるようになります。

海面近くの泡立つ積雲と上空の白い高積雲

雲頂部が盛り上がった下層の積雲と、その上を静かに流れる高積雲のレンズ雲（レンズ雲については p.67 参照）。
下層の積雲と上層の高積雲の雲片のつくり、色のようすがはっきり違っているのがわかります。
高さの異なる２つの雲の存在は、ここに性質の違う空気層の重なりがあることを示しています。

ミニ解説

3D 写真とは？

離れた位置から撮影した 2 枚の写真で
3D 写真ができる。

本書では、はじめ 3D 写真を雲の観察に取り入れて、雲たちの美しく、迫力ある姿を立体的にとらえることができるようにしました。

3D 写真は 1 枚の写真ではわからない奥行きをとらえることができ、対象物の相対的な位置関係を知るために有効です。戦前から航空写真などを使って、地図作成の際に高度情報を取得するために使われたり、X 線写真での立体視診断や、昆虫標本の選別など医学・生物学分野にも使われてきました。

本書で紹介する 3D 写真は、どれも移動している飛行機から時間をずらして撮影した 2 枚の写真を使っています（左図）。

3D 写真を使って対象を立体的にとらえることを「立体視」と呼びますが、これには少しばかりコツが必要です。慣れるまでは少し戸惑うかもしれませんが、2 枚の写真が 1 枚の 3D 写真として見えたときは感動します。ぜひ試して不思議な世界を味わってください。

平行法による 3D 写真の見方

本書の 3D 写真では「平行法」で立体視ができるようになっています。平行法とは右の目で右の写真を、左の目で左の写真を見て立体視を行う方法。基本的な手順は以下の通りです。

❶本を広げ、目から 30cm くらい離して、視線に垂直になるようにおきます。

❷右目で右側、左目で左側の写真を見ます。このとき、本の向こう側、遠くの景色を見る視線でそのまま写真に視線をおく感じにするとよいでしょう。

❸ぼんやりと写真を見てください。何となく写真が 3 枚に見えてくるはず。

❹ 2 枚の写真が 3 枚に見えてきたら、真ん中の 1 枚に意識を集中させてみましょう。

❺写真上につけてある黒丸が重なってひとつになると……、真ん中の 1 枚の写真が、ビヨーンと飛び出て立体的に見えてきます。

立体視の練習

右の図を使って練習してみましょう。

上記の手順で図を見てください。写真の上の黒丸、または図中の 2 個の球が重なって図が 1 枚に見えたら……、どうです？　ビヨーンと飛び出してきたでしょう？

先端が黄色い平面になったピラミッドと、その上を浮遊する球体が見えたら、あなたは立体視をマスターできています。本書の 3D 写真をたっぷりと楽しんでください！

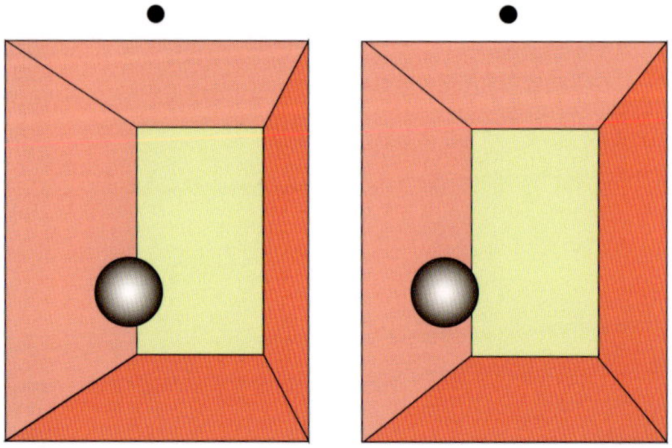

第2章 一番高い雲「巻雲」

地上から見た巻雲。巻雲（すじ雲）は高度が高いため、立体的な構造がわかりにくく、青空に平面的な模様を描いているように見える。

巻雲は雲の中で最も高いところ、5000m～12000mの高さにできる繊維状の雲。高度10000mでは気圧が地上のわずか5分の1ほど、気温は－50℃以下の極寒の世界です。

空気が薄いということは雲の素となる水蒸気も少ないということ。そのため、巻雲は下層の雲よりずっと薄く、氷の粒からできています。

高いところにできる巻雲は地上に住む私たちからは一番遠い雲でもあります。ですから巻雲の細部は地上から見ることができません。また、その立体的な構造は地上からでは把握できず、地上から見れば巻雲はまるで青空に貼り付いたように見えます。

ところが、10000m以上の高度を飛ぶ飛行機から見る巻雲は窓の外、手の届くような距離にあります。

この距離から見る巻雲は絹糸のような一本一本の繊維が絡まって、繊細で複雑な構造を持っていることがわかります。また、地上からは平面的に見える巻雲が、実は立体的で奥行きを持っている雲であることも発見できます。

飛行機から窓の外をゆっくり流れていく巻雲を見ると、その美しさに圧倒されるのです。

1 巻雲に接近

巻雲は雲の仲間の中では最も高いところにできます。高度が高いということは、普段地上にいる私たちから一番遠い雲だということでもあり、普段はその繊細な構造をはっきりと目にすることができません。
飛行機から間近に眺める巻雲は、雲の中でも最も美しく、その繊維状の繊細な構造はまるでシルクのレースのようです。

岐阜県上空

2

大きく広がる
毛状巻雲

間近で見る巻雲の繊維状構造は複雑で繊細。

窓いっぱいに大きく広がったこの巻雲は先端が皆同じ方向へまっすぐに伸びています。巻雲の種のひとつ「毛状雲」という雲。　岐阜県上空

3

房状の巻雲

丸くかたまり状になった巻雲が流れています。

巻雲など高層にできる雲は、地表から見ると遠近感がなく、青空に平面的に貼り付いているように見えます。でも同じ高さに並んで見てみれば、このように鉛直方向に立体的な構造を持っていることがわかります。これはこの「房状の巻雲」だけではなく、塔状の巻雲や鉤状の巻雲にもあてはまります。

千葉県～茨城県上空

4 巻雲の肋骨雲に近づく

中心となる長い雲のラインから上下にたくさんの流線が伸びています。魚の背骨と肋骨《ろっこつ》に似ているので、これを「巻雲の肋骨雲」と呼びます。
間近から見るとこの雲は、非常に薄く細かな無数の流線からできているのがわかります。地上からではこれほどの細かな構造を見ることができません。下には厚い雲。この瞬間、私はこの美しい肋骨雲を独り占めしているのです。

新潟県沖

5 巻雲の塔状雲

外を流れる巻雲が、まるで「ブラシの毛先を上に向けているように」、上方に向かって毛羽立っています。巻雲が鉛直方向に立ち上がった構造を持ったものを巻雲の塔状雲と呼びますが、地上から見上げる視点では高度の高い巻雲の立体的な構造をつかむことは簡単ではありません。でも、飛行機から並んで見ると巻雲の鉛直方向の構造が手に取るようにわかります。

静岡県上空

房状の巻雲と積雲の高さの違い

薄く、長く尾を引いた房状の巻雲が見えています。
巻雲は対流圏上層 5000m ～ 12000m、対する積雲は 2000m 程度までのごく低層にできる雲です。
1 枚の写真で見ると巻雲と積雲が混在しているようにも見えますが、3D で見れば巻雲の方が圧倒的に高空にあり、その巻雲を通して積雲が透けて見えていることが明瞭にわかります。

尾を引いて流れていく巻雲

薄く尾を引いた巻雲が流れていきます。その奥には濃密な巻雲があって、両者が同じ高さにあるのがわかります。はるか下方には薄く影を引いた積雲があります。

コラム

地表の模様を楽しむ

飛行機の窓から眺める雲の楽しさは本書でお伝えしていますが、せっかく飛行機に乗るのですから、雲だけではなく、どん欲にいろいろ楽しんでみましょう。

私が雲のほかに注目しているのが「地上の模様や造形」。これには人工的なものと自然のものがあります。

左下の写真は関東にある貯水池だと思われる施設です。ハート形のかわいらしい形に見えませんか？　実際の形はハートではなくて、飛行機の角度から見た偶然の産物だと思われますが、何となくいい感じでしょう？

右下の写真は12月末、厳冬期のアラスカ半島の地表にできた模様。なんだかわかりますか？

これは蛇行した河川の蛇行の変化の様子が、水が凍ることでそのまま模様となって見えてきたもの。おそらく、夏場、水が流れているときには大きな流れ以外はほとんど見えないのでしょうが、地表の水が凍ることによってその蛇行の歴史が白く浮かび上がってきたのでしょう。

地表にも新しい発見がいっぱいです。

第3章

雲の代表選手「積雲」

地上から見た積雲（わた雲）。地上から積雲が大きく見えるのは、高度が低くて私たちに近いため。

雲と聞くとほとんどの人が最初に思い浮かべるのが積雲。大きなシュークリーム状のかたまりが青空に浮かび流れていく姿はまさに雲の代表選手です。

でも、飛行機から見た積雲はちょっと印象が違います。飛行機が飛ぶ高度から見る積雲は、地表面に低く貼り付いている小さな雲片の集まりにしか見えないからです。積雲のできる高さは数百mからせいぜい2000mまで。高さ10000mを飛ぶ飛行機から見れば、はるか下方にできる小さな雲の集まり。それだけ私たちの住む地上に近く、身近な雲だということなのです。

積雲は地上に近いので地表の状態の影響を大きく受けます。たとえば山岳地形で流れを変え、地表の温度や日射によって大きく発達し、海上では湿った空気から水分を多く受け取って雨を降らせる雲になったりします。

飛行機から見ると、ずっと下方遠くにあって、観察しにくい積雲ですが、地形や地表面のようすと関連づけて観察すれば、おもしろい発見があるはずです。また、飛行機が空港から離陸して上昇する間と、下降して着陸の準備に入る間は、積雲と横並びで飛ぶことになるため、雲底と雲頂を同時に観察することができ、最高の観察条件になります。飛行機から見る積雲には2つの楽しみ方があるわけです。

1 石狩平野の積雲

積雲は地表から約2000mまでの比較的地表に近い場所にできるため、地形や地表面付近の温度・風などにしばしば影響されます。そのため、同じ積雲でも見られる場所によって微妙にようすが異なります。北海道の平野は本州と比べて規模が大きいので、写真のように積雲が見渡す限り散らばっている景色をつくり出します。

北海道・石狩平野上空

2 積雲群と飛ぶ

飛行機は羽田空港に向けて徐々に高度を下げ、それまではるか下に見えていた積雲がどんどん目の前に近づいてきました。
好天で地表が暖められて、たくさんの積雲が発生し群れをつくっています。積雲の群れを見ていると、自分も空中を飛べそうな不思議な気分になってしまいます。

茨城県付近

3
積雲の塔状雲

積雲を真横に見て飛行中。並んで見る積雲は巨大で、生き物のように形を変えています。この日の積雲はどれも鉛直方向に大きく発達して、まるでタケノコのように、にょきにょきと伸びていました。おそらく上空の大気がやや不安定になって、対流が活発になっているのでしょう。

積雲の種には「塔状雲」という分類はありませんが、実際にはこのように塔状に伸びたものがよく見られます。とくに熱帯地方では、いくつもの積雲が数分のあいだに次々と鉛直方向に成長します。ここでは仮に「積雲の塔状雲」と呼ぶことにしましょう。

羽田空港へ接近中

4 海と陸地の境界の雄大積雲

千葉県の東京湾岸沿いに巨大な雄大積雲がそびえています。地表の建物と比較すれば、その規模の大きさがわかります。夏季、陸と海が交わるところには海風が吹きます。この海から吹く風が陸で収束して上昇することで、海岸線に沿って積雲系の大きな積雲ができることがあります（収束については p.85 参照）。おそらく、この雲の成因も局地的な収束線によるものだと考えています。

東京湾から市原市方面

5 能登半島の積雲

何度も走ったことのある道路や町を見下ろすのは楽しい体験。あの町からはどんな空が見えているのだろうと想像してしまいます。積雲が陸地の上空だけにできているのは陸地の方が日射で暖まりやすく、積雲をつくる原因となる対流が起きやすいためです。

石川県七尾市付近・富山湾上空から

6 佐渡の積雲

千歳空港への移動中、眼下に佐渡島が近づいてきました。当たり前とはいえ、飛行機から眺める地形が地図とまったく同じであることに、いつもちょっと感動してしまいます。佐渡の上には小さな積雲が群れをつくっています。前ページの積雲同様、海に囲まれた島や半島では、日射で陸地の温度だけが上昇して対流を発生させるため、陸上にだけ積雲系の雲を伴っていることが普通です。

新潟県沖

雲の額縁

日差しの暖かい日。広い関東の平野部にはたくさんの積雲ができています。白い積雲の額縁の下に緑色の地表が見え、そこには積雲の影が落ちています。

わき上がる積雲

飛行機は空港に向かって徐々に降下し、背の高い積雲の雲頂あたりの高さを飛行しています。
真横から見る積雲はまるで空気中で泡立っているように見えます。これからこの積雲を切り裂いて飛行機は下降していきます。

北海道の田園地帯を流れる積雲

田園地帯の上空に積雲がのんびりと浮かんで流れています。
北海道は地形が平坦なため、積雲が広がって流れているようすをよく見かけます。大地のモザイク模様に積雲がよく似合っています。

クラゲ状の群れ

まるでクラゲのような形をした積雲が無数に並んでいます。その下には雪をかぶって白くなった地表が見えています。

積雲のクレバス

大きく水平方向に広がった積雲がひしめき合って、積雲と積雲のあいだには大きなクレバス（溝）があります。
積雲は強い上昇気流によって発生しますが、上昇した空気はどこかで下降し循環しなければなりません。対流雲の隙間は下降気流が存在する場所でもあります。

積雲に並ぶ

飛行機は降下をはじめ、もうすぐ積雲と同じ高さ、高度 2000m ほどになります。
無数の積雲の群れは、見えない空気の机の上に置かれているように、ほぼ同じ高度に並んでできます。

第４章

地表に最も近い雲「層雲」

層雲は地表に最も近い霧状の雲。その高度はわずか数十mのこともあります。そのため、一部は山岳地形の地表面に接していることも普通。この雲を飛行機から見ると、まるでテーブルの上に敷いたテーブルクロスのように白く地表面を覆っているのが見えます。

でも、平らなテーブルとは違って地表面には凹凸がありますし、層雲はテーブルクロスとは違って自由に流れて移動することができます。層雲は地形の凹凸にそって流れ込み、たまり、形を変えます。

広がった層雲は、地上の私たちにはその全体像を見ることができません。地表近くに吹く風や地表の温度、気象条件などにも左右されやすい層雲は、飛行機から見ると、地上とは違ったいろいろな表情を見せてくれます。

地上から見た層雲（きり雲）。山岳地形に接する高さにできるのが層雲の特徴。地上からではこの層雲がどのような広がりを持っているのかを知ることができない。

1 地表にへばりつく層雲

北海道道東、知床や網走へのアクセス空港である女満別空港へ降下中。天気のよい日には窓の外に阿寒湖や阿寒岳の壮大な景色が広がるはずですが、この日は層雲が地表近くにべったりと貼り付いて、白いシートで景色を覆っていました。

北海道・阿寒湖付近

2 アラスカ湾の海氷と層雲

アンカレッジ空港へ向かって降下中。アラスカ湾には無数の海氷が浮かび、その上に層雲が低層の雲海をつくっています。
海氷が無数に浮く冷たい海面ですが、アラスカでは陸上から流れ出る空気のほうがずっと低温ですから、おそらく海面上の湿潤な空気が大陸からの冷たい空気に冷やされてできた雲ではないかと考えています。

アラスカ・アラスカ湾上空

3 襟裳岬の濃霧

女満別空港から東京に向けて離陸してしばらく、機内の GPS 位置情報は襟裳岬の東側の海岸線上を飛行していることを示しています。ところが、窓からはいつもおなじみの海岸線が見えず、まるで毛布をかけたように白い霧で覆われていました。海に接していることで霧だとわかりますが、これほど濃く広く地表を覆い尽くしているのははじめてです。帰宅して調べると、気象衛星画像でもはっきりととらえられていました。北海道・襟裳岬付近

4 たまる層雲

夕方のフライト。山々をつなぐ谷が層雲の白で埋められていました。
層雲は高度数百 m までの低い雲。だから、普通は山を越えて広がることができず、このように谷を埋めるように広がります。この層雲の雲頂高度は池にたまる水面と同様に同一高度です。層雲が一種の等高線の役目をして、山々の高さの違いを知ることができます。

群馬県～長野県付近

5 3つの模様：氷の大地と海氷と層雲

アラスカ湾に角が取れた丸い海氷がたくさん浮かんでいます。おそらく、湾の流れによって海氷同士がぶつかり合って角が取れ、丸くなったのでしょう。
凍てつくアラスカの大地とこの海氷面をつなぐように層雲が横たわって、まったく違った3つの模様をつくり出しています。この層雲は大陸の凍てつく低温と海面の温度差・湿度差が生み出したものではないかと考えています。

アラスカ・アラスカ湾

第5章　空の暴れん坊「積乱雲」

積乱雲は夏を象徴する雲。夏の強烈な日射によって地表面が熱せられ、強い上昇気流が生まれることで発生します。

強い上昇気流は巨大な雲をつくり出しながら、高さ12000mほどにある対流圏界面まで一気に上昇を続けます。その結果、雲底から雲頂までの厚さが10000mもある巨大な雲の塔ができあがるのです。この雲の下では強い雨が降り、雷が鳴り響きます。夏の夕立の原因となるこの雲は、まさに空の暴れん坊といえるでしょう。

飛行機から見るこの雲は、ほかの雲を見下ろすように大きな雲の柱となって、背が高く盛り上がっています。とくに、ほかの雲を突き抜けて対流圏界面まで達し、大きく傘を広げる「かなとこ雲」をつくるような積乱雲は空の王者ともいえる威容を見せてくれます。

飛行機は上昇気流による影響を避けるため、積乱雲を大きく迂回して飛行します。巨大な積乱雲の横を通り過ぎるとき、自然の偉大さと、造形の不思議さを感じざるを得ません。積乱雲は夏の午後3時～6時の時間帯、内陸部に多く発生し発達します。夏に飛行機に乗るときは、この雲に注目してみましょう。

地上から見た積乱雲（にゅうどう雲）。強烈な上昇気流で高度10000mを超えて盛り上がり、その雲頂は飛行機が飛ぶ高度を越えることもある。

1 雲海を突き抜けるかなとこ雲

雲海を突き抜けて発達し、大きな傘を広げたかなとこ雲が見えてきました。かなとこ雲は雲の王者。その高さは 10000m を超え、傘の直径が数百 km になることも。その柱の中には強烈な上昇気流が存在しているため、飛行機はこの雲を迂回して目的地に向かうことになります。飛行機からなら、堂々とそびえ立つ姿を真横から目にすることができます。

群馬県上空

2 大都会の積乱雲

大都市東京の真上には巨大な柱のような積乱雲がそびえ立ってます。地上のビル群と比べると積乱雲の巨大さ、自然の偉大さを感じます。
この雲の下は真っ暗で、強い雨が降っていることでしょう。地上での騒ぎをよそに、雲の上にはこのとおり青空が広がっています。

東京湾上空

3 遠くに見える かなとこ雲

夏の午後のフライト。内陸部の方向には雲海を突き抜けて伸びる、たくさんのかなとこ雲が見えてきます。
夏は日差しが強いので、上空で雲の観察をするのは大変。直射日光が当たる窓際で、ひとりサンシェードを開けたまま積乱雲を眺めます。誰も外の景色を見ないようなときにも、このような特別な雲を見つけてひとり楽しむのです。

群馬県上空

4 真夏の荒々しい雲頂

雲は空気の上昇によって発生・発達します。そのため、強烈な日射で地表付近の空気が暖められる夏は、対流が盛んになって雲のようすも元気になります。

飛行機から見る雲頂には、上昇気流でできた大きなビルのような盛り上がりがいたるところに見られます。そのようすはヤカンの中の水が沸騰して、たくさんの泡が噴き上がっているような感じです。

愛知県上空

5 対流雲の残骸

雲頂部と基底部をつなぐ対流の柱が途絶えて、雲頂部が孤立してしまった対流雲。
激しい上昇気流によって鉛直方向に見事に発達する対流雲の寿命は長くありません。雲を発達させる原動力の上昇気流が途絶えれば、すぐさま勢いを失って、あとはただ消散していくだけなのです。

福島県上空

6 テーブル状の雲頂のシルエット

積乱雲のテーブル状の雲頂が夕空にシルエットで浮かび上がっています。積乱雲の強烈な上昇気流は対流圏界面を越えて上昇することができないため、高度約 12000m で大きく広がってかなとこ雲をつくります。その高さは飛行機が飛ぶ高度とほぼ同じ。

栃木県付近上空

巨大なかなとこ雲の傘

雲海を突き抜けて積乱雲が大きな傘を広げています。
数十 km も向こうの積乱雲の柱は夕日が差して明るく、傘は広がってこちらの方向に伸びてきています。

積乱雲の残骸

雲海を突き抜けて発達した積乱雲の成長が終わり、その太くて力強い雲の柱が消散していく過程。
下の雲海には積乱雲が突き抜けて上昇していた跡が残っています。中央の雲の奥には、かなとこの形を保っている別の積乱雲が見えます。

第6章 人間がつくり出した雲「飛行機雲」

雲は人間が地球に生まれてくるずっと前から、青いキャンバスに白い模様を描き続けてきました。もちろん、その姿は昔も今も変わりません。

しかし、ただひとつだけ昔と違う空をつくり出すのが飛行機雲です。飛行機雲は人間によってほんの数十年前につくり出され、新しく雲の仲間に加わった、いわば「空の新参者」。

新参者とはいえ、飛行機雲はときとともに大きく発達して、巻層雲や巻積雲をつくり出し、天候をも変えてしまうことがあります。飛行機雲が新しい雲をつくり出す原因となっているのです。最近の研究では地球温暖化の要因にも挙げられ、注目されています。

地上から見た飛行機雲。上層の気象条件によってはこのようにたくさんの飛行機雲が空に模様をつくる（魚眼レンズで撮影）。

飛行機雲は当然飛行機が飛ぶ高度10000m付近にできる雲ですから、飛行機から眺めると、自分とほとんど同じ高さに見えることになります。

近くで見る飛行機雲は、垂れ下がったり水平方向に広がったりして、地上からとはちょっと違った姿をしています。もちろん、見ている自分の乗る飛行機も飛行機雲をつくっているのかもしれませんが、残念ながらそれを見ることはできません。

1 雲上の出来事

雲は普通、大気中に何層にも層をつくっています。しかし、下層の雲が空を覆っていれば、地上にいる私たちはその上で起きているさまざまな出来事を知ることができません。
窓の外に見えるのは高層雲のはるか上にできる飛行機雲。地上にいる人は誰も知らない、誰にも見えない景色です。

北海道釧路付近

2

自分の飛行機の飛行機雲を見る

まったく凹凸も陰影もない、限りなく続く平坦な雲の海が、穏やかで退屈な世界をつくり出しています。
この雲でつくられたスクリーンに、なにやら灰色の模様が見えます。自分が乗っている飛行機とそれに続く飛行機雲の影です。
飛行機の窓は狭いので、自分の乗っている飛行機がつくる飛行機雲を見ることは決してありませんが、このように影が見えるときにだけ、飛行機雲の存在を知ることができます

カナダ沖・太平洋上

3 見下ろす飛行機雲

通常、旅客機は高度 10000m 以上を飛行します。そのため、地上にいる限り飛行機雲を上から見下ろすことはありません。並んで飛ぶ隣の飛行機がつくる雲を窓から眺めていると、自分の乗っている飛行機も雲をつくっているはずだと気づきます。でも、それを確かめる方法がありません。飛行機の窓は小さく、視野が限られているからです。向こうの飛行機からこちらはどんなふうに見えているのでしょう。

アリューシャン列島付近

4 垂れ下がる飛行機雲のコブ

飛行機雲から雲のコブが垂れ下がっています。飛行機雲はすぐ消えてしまうことが多いのですが、ときに発達しながら長時間存在し続けることもあります。そんなときは雲粒が凍結、成長して少しずつ落下するので、横から見ると垂れ下がるような形状になります。
もちろん、飛行機に乗っている私たちはその成長を眺め続けることはできません。飛行機は時速 1000km 近くのスピードで通り過ぎているからです。

新潟沖日本海

ミニ解説

実は2種類ある飛行機雲

飛行機雲にはできる原因によって2種類あります。ひとつはみなさんもおなじみ、飛行機のエンジンからの排気で発生する「排気飛行機雲」。本書で扱っているものはすべてこの「排気飛行機雲」です。

実は飛行機雲にはもう1種類、翼の先端やフラップなどで空気の流れが乱されることによってできる「翼端飛行機雲」と呼ばれるものもあります。飛行機が離陸するときに翼の先端から薄い霧状の線が延びているのを見たことがある方もいると思います。

この2つは、できるしくみも、場所も異なります。翼端飛行機雲は低空でできるもので、私たちにおなじみの排気飛行機雲と違い、大きく発達することはないようです。

（参考：樋口敬二「飛行機雲を追求する」, 1973, 科学朝日 11 月号）

コラム

空港を楽しむ

大きな窓から飛行機を眺めて、ソファでくつろぐ時間は楽しい。

飛行機で旅するとき、本書で紹介しているように機上で雲を楽しむのはもちろんですが、せっかくですからいろいろな楽しみを探してみましょう。

飛行機好きの人は、出発前や乗り換えのときの空港で飛行機を眺めるのも楽しいでしょうし、定番のショッピングも楽しみのひとつでしょう。とくに羽田や千歳、福岡など大都市の空港は一日中楽しめます。

著者には、空港で必ず立ち寄るところがあります。それは大きな空港にある「エアポートラウンジ」です。落ち着いたBGMが流れるこの部屋で、大きめのソファに座って、大きな窓から行き交う飛行機を眺めながら飲み物を飲んだり雑誌や新聞を読んだり、ゆっくりと時間を過ごすことができます。

クレジットカードの会員特典を利用すれば、入場はもちろん、アルコール以外の飲料もすべて無料、時間帯によってはパン等の軽食も無料です。ここでPCを開いて空から撮影した画像をブログにアップしたり、本を読んだりして乗り継ぎまでの時間を過ごすのが大好きなのです。

第7章

ベール雲・ずきん雲

雲は大きく10種に分類されます。ところが、ときにはこれらの雲の一部分に、とくに特徴のある形状が現れたり、雲に付随して別の雲ができたりすることがあります。

たとえば積乱雲は発達すると、雲頂が大きく傘のように広がって、特徴のある「かなとこ雲」になり、雲底には丸く垂れ下がった「乳房雲」ができます。また、雲の下には細かくちぎれた層雲の「ちぎれ雲」ができるという具合です。

本章で紹介する「ベール雲」「ずきん雲」は、積雲など鉛直方向に発達する雲の雲頂部にちょこんとできる雲。いわば、雲ができるときに「おまけ」で現れる雲なのです。

ベール雲・ずきん雲のでき方は次のとおり。まず、下層の対流系の雲（たとえば積雲や積乱雲）が鉛直方向に発達し盛り上がっていきます。すると、雲の上にある空気が下から発達してくる雲（上昇気流）に押し上げられることになります。押し上げられた空気は、温度が下がることで空気中の水分が凝結し水滴となり雲粒となるというわけです（下図）。このようにしてできた雲は、雲の上にベレー帽をかぶせたように、ときには雲頂部をベールで広く覆うように見えます。

飛行機から見たときには、雲頂とこの雲の関係がさらにはっきりとわかります。

地上から見た積雲上のずきん雲。地上からはその全体を把握することはできない。

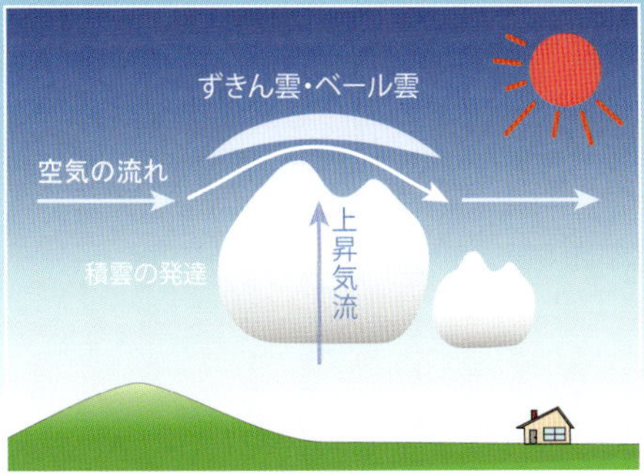

ベール雲ができるしくみ。雲によって上の空気が押し上げられて生まれる。

1 天空の世界

離陸して数分後、厚く暗い乱層雲の壁を抜けた瞬間、まぶしい光とともに不思議な世界が現れました。乱層雲の雲頂は泡立って雲の山脈をつくり、その頂をたくさんの小さなずきん雲と大きく広がるベール雲が覆っています。
地上は暗い雲底にふさがれていましたが、上空にはそれとはかけ離れた、まさしく「異世界」が広がっていました。

羽田空港から上昇中

2 夕日に照らされる積雲の雲頂部とずきん雲

大きく盛り上がった積雲が、夕日にほんのり赤く照らされています。その上には積雲の雲頂を流れるずきん雲。積雲の上にある空気が発達する積雲の雲頂部によって押し上げられてできた雲なので、「雲がつくった雲」ということになります。 茨城県沖

3 大きく広がって雲頂を覆うベール

対流で盛り上がった下層の対流雲の雲頂をベール状に薄い雲が覆っています。ところどころで、雲頂がこのベールを突き抜けて発達し続けているのがわかります。
ベール雲・ずきん雲は下層の雲の発達によってできる付随雲。下層の対流雲の発達が止まれば消えていく運命です。

東京湾上空

第8章

尾流雲・降水雲

雲は、大気中に含まれている水分（水蒸気）が凝結し、たくさんの小さな水滴や氷の粒になって浮かんでいるものです。

では、雲の原料となる「大気に含まれる水分」はどこから供給されているのでしょう？　答えは簡単ですね。水分の多くは地球の表面積の７割を占める海面から、そして河川、湖沼、地表面からの蒸発によって大気中に運ばれています。

運ばれた膨大な量の水は大気に含まれて、大気の循環とともに地球上を流れます。そして、あるものは雲となり、雲からの降水（雨や雪）となって地上に戻って、新しく河川や海をつくり大地を潤します。地球にある水はこの地球規模の大きな循環によって、空と陸と海を行き来しているわけです。雨はその重要な運搬ルートとなっているのです。

ところが、雲から離れて落下しはじめた雨粒が、必ずしも地表に戻ってくることができるわけではありません。あるものは地上に着くまでの長い道のりの途中で蒸発して消え、再び空気の中に吸収されてしまうからです。

つまり、地上で私たちが触れる雨粒は障害を乗り越えて地上までやって来た「生き残り」なのです。雲から落ちて地上に届く前に消えていく雲粒のようすは、雲が長い尾を引く「尾流雲」として見ることができます。尾流雲は、もちろん飛行機からも見ることができます。それは地上からとはちょっと違った姿を見せてくれます。

巻積雲の尾流雲。雲から地表までの距離 5000m 以上。この間に雨粒は蒸発して再び大気に吸収されてしまう。

1 雨が生まれる場所

雲は雨のお母さんです。雲をつくる小さな水や氷の粒が雲の中でぶつかり合って大きく育ち、やがてその重さで雲から落下するようになったのが雨粒。いわば、雨は雲から巣立った子供みたいなものなのです。
ところが、せっかく生まれても、落下途中に蒸発して消えてしまうこともあり、雨粒がすべて地上に落ちてくるわけではありません。旅立つ雨粒には試練が待っているというわけです。

石川県加賀市上空

2 積雲の尾流雲

眼下に無数の積雲の小さな雲片が流れていました。よく見るとたくさんの雲片が白い尾を引いています。これは雲から降っている降水なのですが、落下中に蒸発して消散してしまっています。このような流線を持っている雲を「尾流雲」と呼びます。 福島県沖

3 巻積雲の尾流雲

空港から上昇中、巻積雲が目の前に見えてきました。巻積雲は高度 5000m 以上にできる細かな斑点状の雲。ひとつひとつの粒（雲片）は薄く、空の青色がわずかに透けて見えるほどです。

よく見ると雲片がうっすらと尾を引いています。これが地上に届けば雨になりますが、巻積雲は高度が高いため、落下途中の水はすべて蒸発して消えてしまいます。　福井県上空

4 幻日と雲のアーチからの降水

太陽の右に幻日（げんじつ、p.132 参照）が見え、中央に見えるアーチ状の雲の下にある激しい降水は太陽に照らされてシルエットをつくっています。地上から見えない世界で、いくつものドラマが繰り広げられているのです。

宮城県付近

5 夕日に尾流雲のシルエット

夕暮れ時の層積雲の隙間から赤く染まった空がのぞき、層積雲からの降水の流線がシルエットで見えています。

静岡県上空

第9章 レンズ雲・笠雲

標高約 2000m、立山・室堂より見た地形性のレンズ雲。

レンズ雲とはその名のとおり、薄くて中央が厚くなった凸レンズ状の雲のこと。また、笠雲はとくに山の上方にまるで山頂に帽子を載せたようにできるレンズ状の雲のことをいいます。

両者の形はほぼ同じです。ただ、笠雲は山に近いことから、山の高さと大気の状態によっては山頂を覆ったり、雲の下面の形状が山地に沿っていたりします。

このような雲ができる原因はいくつもあります。代表的な成因は下図のように山岳地形によって、気流がバウンドして波を起こし、それによって空気が上昇することでできるもの。空気の流れが波打って上昇したところでは空気塊の温度が下がるので、雲ができるわけです。

そのほかに、上下に風向きや風速の違う空気層があって、その境界面で空気が大きく波立つことによってできるものや、大きな雲が上空の強い風によって引きちぎられて、レンズ状の雲片をつくる場合もあります。

飛行機からなら、このレンズ雲の上面（雲頂部）を観察することができます。レンズ雲の上面は、どれもなめらかで真珠光沢があるようにさえ見えます。ここでも雲は地上からとは違った姿を見せてくれるのです。

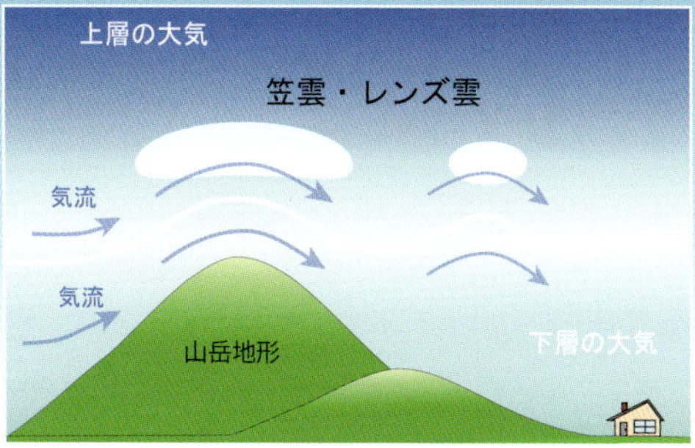

地形性のレンズ雲・笠雲のでき方の例。空気の見えない波がレンズ状の雲をつくる。レンズ雲の成因はこのほかにもいくつかある。

1 空気に磨かれたレンズ雲

レンズ雲の雲頂を見る機会はめったにありません。
近くで見るレンズ雲の雲頂部はなめらかな曲線を描いています。雲が流れる空気に磨かれて、なめらかな曲線と光沢を持った雲をつくり出すのでしょう。 静岡県上空

2 レンズ雲の群れ

お皿を伏せたように、雲底部がまっすぐで雲頂部が上に盛り上がったレンズ雲の群れが流れてきます。よく見ると右側の雲塊から雲の一部が次々とちぎれて、レンズ状になって流れているようです。レンズ雲は風が強いときにできやすいとされています。 静岡県上空

3

空気のしわ

大気はたくさんの目に見えない層が重なってできており、その風向き、強さ、そして温度や湿度の違いによっていろいろな雲をつくり出します。
大気中に白いしわができているようなこの景色は、高積雲の波状雲です。ひとつひとつの波頭がレンズ雲となっています。これは下層と上層の風速の違いでできた、空気の見えない「しわ」を雲が可視化したもの。雲はその姿で大気の状態を私たちに知らせてくれます。

羽田空港に向け降下中

4

青空にぽつんと
レンズ雲

何もない透明な空間に、ぽつんと単独のレンズ雲が流れて、下にある高層雲にこのレンズ雲の影が落ちています。
雲ができるということは、そこに何かしらの上昇気流が存在していることを暗示しています。ここには目に見えない空気の乱れがあるのでしょう。

東京湾上空

5 泡立つ積雲とレンズ雲の対比

積雲の上を高積雲のレンズ雲が通り過ぎています。積雲の雲頂は細かな凹凸で盛り上がり荒々しく、レンズ雲はなめらかで好対照を見せています。色に注目すると、下層にある積雲は太陽光の散乱で青っぽく見え、私たちの近くにあるレンズ雲は白く見えます。対比が美しい２つの雲。

福島県付近

6

層積雲のレンズ雲

地表を覆う層積雲。その上に灰色の層積雲の長いレンズ雲が重なるようにでき、その影が地表に落ちています。
地上の建物と比べると、ひとつのレンズの巨大さがわかります。おそらく地上からは、見えている雲が「レンズ状」をしていることがわからないのではないでしょうか。

愛知県上空

7 屈斜路湖・中島にかかる笠雲

北海道東の湖、屈斜路湖は日本最大のカルデラ湖（火山活動でできた湖）。その中にある、これまた日本最大の湖中島である中島（標高 355m）の上に笠雲が横たわっています。吹き抜ける気流が、中島の上を通り過ぎるときに上昇させられて発生した雲、つまり地形性の雲です。

屈斜路湖・美幌平野付近

8 見えない空気のバウンド

かすんだ空に、雪をかぶった標高の高い山だけが頂を見せています。その上方には細長い、まるでほうき星のような尾を持った雲があります。おそらく山岳地形によってバウンドした空気の流れが、高層まで大きく影響を与えてこのような雲をつくったのでしょう。
富士山のような単独峰では、このようにしてできた雲がよく観察されます。　静岡県上空

コラム

山々の姿を楽しむ

本書13章・14章では地形がつくる雲たちのようすをご覧いただきます。でも雲がないときも、飛行機の窓からは季節ごとの山々を楽しむことができます。

右上は春の北海道雌阿寒岳。山肌に残る雪がとても美しい模様をつくっています。

右下の写真は有名な桜島。火口が2つ、整地された土地と合わせて、桜島が笑っているように見えます。私はこれを「笑う桜島」と勝手に名付けています。

下の写真は冬の山形県・鳥海山のようす。美しい円錐形の火山の山頂を雪が覆い、山肌の色とともに厳しい山の寒さが伝わってきますね。

このほかにも、飛行機から見る景色には海岸線の造形、夜ならば都市部の夜景など発見がいっぱいです。

第10章
波状雲・ロール雲

本章では空に大規模な模様をつくったり、整列したりする雲「波状雲」と「ロール雲」をご覧いただきます。

雲ができる対流圏では空気は性質の異なった層となっていろいろな向きや速度で流れています。

これらの空気の層の境界には見えない波が発生します（下図）。この波が雲で可視化されて見えるようになった状態が「波状雲」です。波が上昇するところでは、空気塊の温度が下がるので雲ができるわけです。もちろん、波状雲の成因はひとつだけではなく、前章でも説明したように山岳地形でも大気の波が発生してできることもあります。

一方、ロール雲は水平に横たわる巻物のような長い棒状の雲です。性質の異なった空気のぶつかり合いから生まれた、大気の大きな転がり（机の上で鉛筆を転がす感じ）がロール雲を生み出します。

いずれも上空から見ると「大気は動いているのだ」ということを実感させてくれる雲たちです。

地上から見た層積雲のロール雲（うね雲）。私たちが地上から見ることのできる空の範囲は狭く、おそらく大規模な現象の一部。

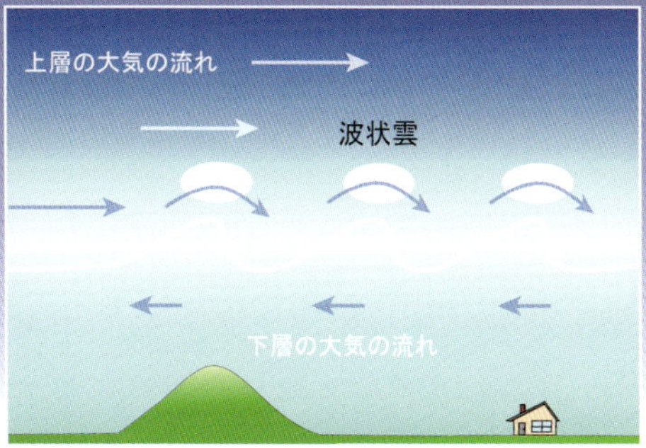

波状雲ができる原因の一例：
上下層の風向き、風速の違いによる場合。

1 波立つ雲海

大きく広がった雲海が緩やかに波立って、低くなった夕日に照らされることで、雲の凹凸がはっきりと浮き出ています。
雲頂部にできたこの波は、大気の動きとともに、ゆっくりと移動しているはずなのですが、猛スピードで通り過ぎる私にはそれを確かめる方法がありません。じっくりと眺めていたいのですが、飛行機は止まることができないのです。

岩手県上空

2

巻層雲の波状雲

飛行機からは、視線を上に上げて見上げる必要があるのは上層の雲である巻雲・巻層雲・巻積雲の3種類だけです（これらの雲も大気の状態によっては飛行機の下になることもあります）。
巻層雲の波状雲が空を広く覆っています。この高度の大気は地表近くよりはるかに流れが速いため、大気が波立つことも多いのでしょうが、逆にこの高さの雲が空を覆うことは少ないため、はっきりとした波状雲が見えることは多くありません。

愛知県上空

3
東京湾の巨大ロール

厚い雲を抜けて羽田へ降下中、海面近くに巨大なロール状の雲が何本も円弧を描いて並んでいるのが目に入ってきました。
成因は不明ですが、ここに何らかの空気の渦ができているのがわかります。広角レンズを使って撮影していますが、写野には全体像を収めることができないほど大きく、形も奇妙な雲です。

東京湾上空

4 K-H不安定波の雲

層状の雲の雲頂部が波立っています。この雲の上には流れの速い（または流れの方向の異なる）別の空気層があって、その流れに雲頂部が引きずられるようにしてこのような形ができます。このようにしてできる波を「ケルヴィン・ヘルムホルツ不安定波」といい、雲がその姿を可視化してくれています。

アラスカ・フェアバンクス付近

5

交差する山岳波

山地の上を流れる薄い高積雲が細かく波立っています。空気の流れが山に当たって波打つ「山岳波」の影響でしょう。

よく見てみると、波の方向が３つあるのがわかります。おそらく風向の異なるいくつかの空気の層があり、高さの異なる山々によって気流が乱されることでいろいろな向きの波ができて、その結果このような模様をつくり出したのではないかと思いますが、真実は私にはわかりません。自然がつくる造形を楽しむのに理由はいらないのかもしれない、と思うのはこんなときです。　岐阜県上空

6

山岳波による うねり

12月終わりの早朝。アラスカ上空を飛行中、大陸はずっと低く濃い雲に覆われて、ところどころ標高の高い山々の山頂だけが太陽を浴びて光っていました。
低い角度から差し込む太陽光によって手前の山が長く伸びた影を雲に落とし、ゆっくりと流れる雲は山頂によって流れをさえぎられて波立っています。中央から上・右半分に見える方向の異なった波は画面の外にあるほかの山によってできた雲の波。
すべての進行がゆっくりとした、スローモーションの世界です。この雲の下は－30℃以下の極寒の世界。

アラスカ上空

7 凍てつく大地を覆う層雲の波状雲

12月、アラスカの湿地帯上空。冬期間は完全に凍結する大地の上を層雲の波状雲が流れていました。飛行機から眺めるアラスカの大地は白と黒の完全に生命感のない世界です。層雲は低空にできる雲。地形の影響で波立っているのかもしれません。

アラスカ付近

第11章

雲の隊列

本章では、行儀よく隊列を組む雲を紹介しましょう。下図のような「収束雲」はその一例です（写真も参照）。

普段、私たちが地上から見ている雲たちは、大きく広がって空に浮かぶ雲のほんの一部分でしかありません。雲は大気下層に低く私たちを覆うため、地上からでは広い範囲を見渡すことができないのです。積雲の場合、地上から一度に見ることができる範囲はせいぜい直径20km程度の範囲。雲の広がりの大きさと比べれば、壁に開いた穴から、向こうの部屋のほんの一部が見えているだけという感じなのです。

ところが飛行機に乗って上から雲を眺めると、状況がまったく違います。上空からだと数十km～数百kmを一度に見渡すことができるのです。だから、低く空を流れる積雲、大きく広がる層雲・層積雲の配列や全体像を簡単に知ることができます。とくに積雲が何列も列をつくって、直線状に並んでいる姿は地上から全体像を想像することができません。視点の転換によって、今まで見えなかった雲の姿を知ることができるわけです。

夏季に見られる収束による巨大な積雲列。巨大なため全体像は地上からはとらえることができない。

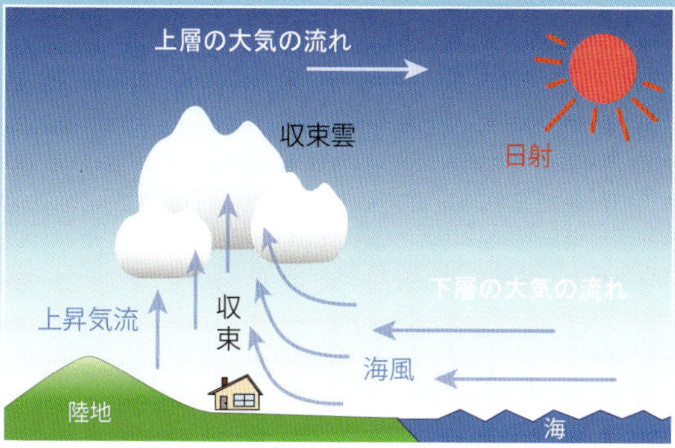

夏季に海岸線近くにできる収束雲のでき方の例。

1 海上に整列する積雲

地表近くに積雲がずっと向こうまで直線状に整列して、何列も並んでいます。
積雲が生まれる地表近くの大気は、地表の温度や地形、海陸の違いなど私たちの住む世界の影響を強く受けるので、そこにできる積雲もいろいろな形や並び方になります。

東京湾付近

2 陸上に整列する積雲

石巻市上空をたくさんの積雲の列が通り過ぎています。
このような積雲列は普通、その列の伸びる方向に進みながら対流を繰り返す、水平軸まわりの渦巻き状の大気の流れがあることを暗示しています。ちょうど冬の日本海に見られる「筋状の雲」と同じ理屈です。

宮城県石巻市上空

3 整列する高積雲群

数十 km にもわたって、高積雲の雲片群が伸びて列をつくっています。
これほど大きな規模の現象は、局地的な風というよりも、もっと大きな大気の動きに要因があるのではないかと思います。しかし、それが何かは見ている私には知りようがありません。

静岡県沖太平洋上

4 収束雲

東京湾にそってできた長い積雲の列。関東の海岸線から平野部では湾から流れ込む気流が収束してこのような長い積雲列ができることがあります。環状８号線に沿ったようにできる環八雲が有名ですが、写真のように海岸線近くにも見られます。写真の雲は気象衛星画像からも明瞭にわかるほど長い雲列でした。

東京湾千葉市近く

5 海岸線を縁取る積雲列

まるで海岸線を縁取るように延々と伸びる積雲の列が見えています。このような長く伸びる一列の雲のラインはここに空気のぶつかり合いが存在していることを示しています。雲は見えない空気の動きを私たちに見えるようにして、そこに何が起きているのかを教えてくれます。

東京湾上空

第12章

雲頂の表情

真横から見た積雲群。雲の雲底高度はそろって平坦だが、雲頂は凹凸で変化に富む。

地上から見る雲は、ほとんどの場合、雲底部の姿。つまり、私たちは普段、雲の一面だけをとらえているにすぎません。

雲は雲底部は比較的フラットなのに対し、雲頂部のは凹凸に富み、立体的で、変化に富んでいます。そのひとつの理由は、雲が上昇気流（つまり大気の対流作用）でできる現象だからです。

積雲を例に挙げて説明すればわかりやすいと思います。地上から見る積雲の群れは雲底部がほとんど同じ高さのところにあって、比較的平らな形になります。ところが雲頂部はシュークリームのように盛り上がり、でこぼこしています（写真）。

空気が上昇したとき、水滴ができる高度は湿度と温度によって決まるので、雲のできはじめの部分＝雲底は平らになるのに対し、雲頂の高さは対流の強さで決まるので場所によりバラバラで、起伏が激しくなるのです。

積雲以外の雲でも雲底より雲頂のほうが立体的なのは同様です。雲底は平坦で暗い乱層雲でも、雲頂部は盛り上がって波立っている刺激的な雲であることが多いのです。また、飛行機からだと、広い範囲を一度に見渡せるということも雲頂の眺めが楽しいひとつの理由です。私たちが普段目にしない、雲の上の姿もまた、雲の本当の姿なのです。

積雲群のモデル。

1 無数の突起

雲海をつくっているのはおそらく乱層雲。その雲頂は無数の小さな突起で埋め尽くされています。このひとつひとつが、小さな上昇気流の存在を示していますが、なぜこのような構造ができるのかはよくわかりません。この雲頂の構造を見て、私は小腸の「柔毛」を思い浮かべてしまいました。

北海道十勝平野上空

2 朝焼けの雲海

飛行機の中の時間の進み方は地上とは違います。東向きに飛行するときの夕暮れはあっという間に終わり、短い夜を越えるとすぐ朝を迎えます。逆に、西向きに飛行しているときは太陽と追いかけっこするために、朝はなかなかやって来ず、やっと訪れた朝焼けは永遠に続くかと思うくらい長いのです。眼下に見える雲頂には無数の小さな対流による雲の細胞ができています。

カムチャッカ沖

3 泡立つ初夏の雲頂

夏季の雲頂はとても忙しく姿を変化させます。それは地表面が熱せられて、大気の対流が大変盛んになるからです。激しい対流によって雲は鉛直方向に盛り上がり、その雲頂はまるで雲が沸騰して、たくさんの泡が吹き出しているかのように複雑な形状になります。

岐阜県上空

4 乱層雲の雲頂

地上は乱層雲に覆われて冷たい雨。ところが、上昇する飛行機が厚く暗い雨雲を抜けた瞬間、地上の天気がうそのように、まぶしいほどの光にあふれた世界に変わります。窓から見える雲頂は無数の凹凸で埋められ、その上には真っ青な空が広がっています。地上から見ると平坦な雲も、雲頂はこのように立体的で変化に富んでいます。

静岡県上空

5 厚く暗い乱層雲へダイブ

夕焼けに赤く染まる空、飛行機はどんどん高度を下げ、乱層雲の雲頂に近づいています。プールに飛び込むように、これから厚い雲の中に飛び込んでいくのです。光と色にあふれる世界から、モノクロの光のない世界へのダイビング開始です。

羽田空港へ降下中

6 海岸線と半透明雲

トレーシングペーパーのような高積雲の半透明雲を通して北海道東の海岸線が透けて見えています。雲頂はなめらかで薄く、対流がほとんど存在していないことを示し、同時に、ここには大気の見えない境界線があることを教えてくれています。

釧路～網走付近

7 光に浮かび上がる雲頂

逆光で雲の輪郭が照らされて、荒々しい雲頂のようすが浮かび上がりました。太陽高度が低くなると雲の凹凸が強調されるので、その構造がはっきりとわかるようになります。

静岡県上空

高積雲の雲間から見える地表

無数の高積雲の雲片が所狭しと並び、雲の層をつくっています。
そのわずかな雲間から、はるか下方に地上の街のようすがのぞいています。

無数の高さ・大きさの違う凹凸に埋められた雲頂

積雲の雲頂にたくさんの凹凸がひしめいています。この膨らみのひとつひとつが上昇気流によるものであり、その規模と強さが膨らみの大きさと高さを決めているのです。

ミニ解説

雲の細胞

p.93の写真に見られるように、大きく広がった雲頂にたくさんの細かな凹凸が見られることがあります。これはひとつひとつが小さな対流によってできたもの。空気の上昇するところは上に膨らみ、下降する場所にへこみができて、小さなかたまりがいっぱい集まったように見えます。この小さな対流の集まりは生物の細胞にたとえて「対流の細胞」とも呼ばれています。雲が対流のようすを見せてくれているのです。

雲の細胞は無数の小さな対流によってできる。

コラム

飛行機から雲を楽しむときの3つの困難

飛行機から雲を楽しむときにもいくつかの困難が待ち受けています。

1. 翼の位置

窓側であっても、翼がある位置の座席だと雲を見ることができません。飛行機の座席を指定するときには必ず翼の上ではない位置、できれば翼の前側を確保しておきます。翼は後退角を持っていますし、エンジンが出っ張っているので、翼の後端側を指定すると視野が狭くなるからです。

2. 窓の位置

せっかく窓側の座席に座ることができても、飛行機では座席の真横に窓があるとは限りません。座席によっては体をグッとひねらないと窓から外を眺めることができないことも。

3. 窓の汚れ

そして、最後で最大の難関はこれ。最近は経費節減のためか、飛行機の窓が汚れていることが多いような感じがします。内側の汚れだったらタオルできれいに拭けば美しい雲を楽しむことができますが、外側が汚れていると、もうどうしようもありません。こればかりは座ってみるまでわからない運頼み。

黒い斑点傷・線傷が一面についている窓。こんな窓にあたったらもうフラストレーションたまりまくりです。

我々、飛行機からの雲愛好家（?）は人知れずこれらの障害と闘いながら，雲を楽しんでいるのです。

第13章

地形にせき止められる雲

山の壁にさえぎられてたまる層雲。どこまで続いているのか、地上からはわからない

空を見上げて流れる雲を見ていると、雲の世界は地上とは別世界、まるで関係がないような気がしてしまいます。地上で何が起きても、雲は悠然と流れていくからです。

でも、実は雲は地表の影響を大きく受けています。とくに下層雲である層雲・積雲・層積雲は、地形や地表面の温度などに影響されて姿を変えていきます。たとえば、夏の強い日射で地表面が暖められれば積雲は大きく鉛直に発達し、気流が背の高い山岳地形にぶつかれば収束の雲の列やレンズ雲ができるという具合です。

さて、本章では山々によってさえぎられ、せき止められ、たまっている雲の姿を紹介します。主役は下層雲。下層雲は高さが2000m以下の低い雲です。だから、これ以上の高さの山々を越えることができません。山地で層雲・層積雲が発生し、発達していくときには、低い谷を埋め、白色に染めながら広がっていくことになります。

とくに春先には、太平洋から東北～関東地方に押し寄せる低い雲が山脈にせき止められて、太平洋側を広く覆うことがあります。もちろん、せき止められる雲の全体像は地上から眺めることはほとんど不可能。

でも、飛行機から眺めると様相は一転します。山々の谷が雲で埋められて、形が白く浮き出しているようす、山脈がダムのようになって積雲たちの行く手を阻んでいるようすが手に取るようにわかります。

1 せき止められる層積雲

層積雲は2000m以下にできる低い雲ですから、日本を縦断する山地地形（脊梁山脈）を乗り越えることはできません。春先などは東北・北海道を広く覆う層積雲・層雲が山地地形にせき止められて、気象衛星画像でもわかるような見事な「雲だまり」をつくります。写真は群馬県を広く覆う層積雲の西側、関東山地近くの風景。

群馬県・長野県境上空

2

あふれ出す雲の滝

山脈によってせき止められた層雲が、その頂上の隙間からあふれ出して、まるで滝のように山肌を滑り落ちています。
滝と違うのは、流れをつくるものが水ではなく雲だということ、そして（おそらく）音もなく、ゆったりとした時間の中で起きている現象だということです。

長野県北部上空

3 日高山脈にせき止められる層積雲

日高山脈は北海道中央・南北に約150kmにわたって直線的に続く、標高1000m～2000mの山脈で、氷河地形の特徴である鋭くとがった稜線を持っています。
この山地地形に層積雲がせき止められて、見事な白黒のコントラストをつくっています。稜線の低いところからは雲が漏れ、流れ出しているのが見えます。

北海道・日高山脈上空

4

雲海から
のぞく山岳地形

見渡す限りの広大なアラスカの大地を層雲が埋め尽くしています。
その雲の海から連なる山々の頂が顔を出して、朝日に照らされて輝いています。これらの山々は氷河によって削られて先端がどれもとがっているのが特徴です。 アラスカ半島上空

5 煙る山岳地形を乗り越える雲

夕方、山々全体が薄い層雲に覆われ煙っています。右端では、気流がこの山を乗り越えようとして濃い雲を発生させています。空気が強制的に上昇させられることで、このように斜面にそって雲ができるのはめずらしいことではありません。

岐阜県上空

山肌にまとわりつく層積雲

緑色の山肌に、層積雲が文字通りまとわりついています。
おそらく写真奥から流れてきた層積雲が山岳地形でさえぎられて谷を埋めているようすだと思いますが、見ていると山にとってはとても迷惑な雲のように思えてきてしまいます。

急峻な日高山脈にせき止められる積雲

長く一直線に連なる急峻な日高山脈。
写真上のほうではたくさんの積雲が山脈にせき止められてたまっています。
ダムに浮かぶ、たくさんの落ち葉のようにも見えます。

3D 山を越えて太平洋に流れ出す雲の群れ

この日、日本列島の上空は厚い雲に覆われていました。日本列島から、たくさんの背の高い対流雲系の雲が太平洋に向かって先を争うように流れ出しています。飛行機は北西へ旋回中、写真の左方向に東海地方、右側は太平洋です。

ミニ解説 山の高さと雲の高さ

図は山の高さと雲のできる高さを比べたもの。この図でわかるように、下層の雲、とくに層雲は山を越えて広がることができません。また、ある程度高い山は積雲や層積雲でさえもさえぎることがわかります。

実際、気象衛星画像では、春先に日本列島の中央を縦断する脊梁山脈によって層雲・層積雲がせき止められ、太平洋側が雲で白く、日本海側が（雲がなくて）暗く映って、はっきりと二分されているようすを、よく見ることができます。

山が下層の雲の広がりを制限しているのです。

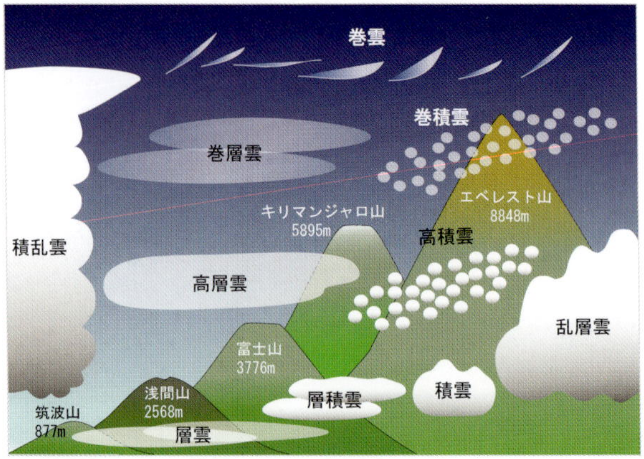

雲と山の高さの比較。雲にとって、山は行く手をさえぎる邪魔者。山岳地形によって雲の広がりは大きく影響を受けることがわかります。図の雲の高さはおおよその目安。雲の高さは季節や気象条件によって変化します。

第14章

山々とのコラボ

北アルプスの山々と積雲。山と雲の取り合わせは地上からでも美しい。

青空をバックに悠々と流れては形を変えていく真っ白な雲たち。青と白のコントラストは美しく、私たちの気持ちをいつも和ませてくれます。地上から見る雲の景色は私たちの原風景といえるのかもしれません。

ところが飛行機から雲たちを見るときは、まったく違った風景を目にすることになります。あるときは野山の緑色を、田畑の市松模様を、またあるときは大都会の無数の建物というふうに、常に背景の色や模様が変わるからです。飛行機からの雲は、地表面の模様と組み合わさって、美しい姿をつくり出しているわけです。

本章では富士山をはじめとする山々と雲たちがつくり出す風景をご覧いただきます。その風景は、あるときは浮世絵に似て、またあるときは幻想的ですらあります。

でも、ただ美しいだけではなく、雲を観察するときには、これらの山々が大切な役割を果たしてくれます。それは「雲の高さを知るための指標として」の役割です。

飛行機から見る雲は何層にも重なっていることを第1章で紹介しました。ところが空には高さの基準がないために、今見ている雲がどれくらいの高さなのかを知ることがなかなかできません。でも、標高がわかっている山を基準に雲を見れば、雲のおおよその高さを知ることができますね。いわば、「雲をはかる自然の定規」の役割を山が担ってくれるのです。

1 冠雪した白山と高積雲海

11 月中旬、小松空港を離陸し愛知県方向に向かって上昇中、山頂近くに真っ白な雪をかぶった美しい白山の姿が見えてきました。手前には美しい高積雲の雲海が広がっています。白山は高さ 2702m ですから、このときの高積雲は 2000 ～ 2500m ほどの高度にできていたということになります。

石川県加賀市上空

2 富士を囲む積雲の群れ

掛川市上空から見た富士山と平野部を埋める積雲。右に見えるのは駿河湾です。平野地形が広がる場所では、このように積雲が大きく群れて広がって壮大な眺めをつくることがあります。温度の低い海上には積雲が存在しないこともわかります。積雲は地表面の温度の影響を最も受けやすい雲なのです。 静岡県掛川市上空

3 富士と舞う レンズ雲

富士山の上空に無数のレンズ雲が流れています。富士山は平野部にそびえる単独峰であり、気流を乱すため真上にできる「笠雲」やその風下にできる「吊し雲」をつくることで有名です。ただ、写真の雲たちは高度 7000m 以上の高さにあることから、富士山の影響でできたものではないと思われます。

静岡県上空

4 光芒にあぶり出される富士山のシルエット

厚い雲の隙間から夕日のオレンジ色の光が漏れて光芒（こうぼう、p.119参照）をつくって、その光芒の中に富士山の姿がシルエットとなって浮かび上がっています。雲と光と地形がつくり出した偶然の芸術です。

静岡県沖

5 駿河湾と巻層雲にサンドイッチ

手前は伊豆半島と駿河湾、その奥に雪をかぶった富士山の美しい姿。上空には薄い巻層雲が空を覆って、浮世絵のような光景をつくり出しています。
富士山の高さから判断すれば、上空の雲は高層雲ではなく、より高いところにある巻層雲だと容易に判別できます。

伊豆半島上空

6 槍を囲む層積雲

夕暮れ近く。大きな積雲系の雲に取り囲まれて、槍ヶ岳（3180m）が堂々とした姿を見せています。今、登山している人たちの眼前にはどのような光景が広がっているのでしょうか？

北アルプス上空

7 雄阿寒岳・阿寒湖を取り囲む積雲

飛行機は着陸態勢を取り降下中。窓の外に積雲に取り囲まれた、凍結して真っ白の阿寒湖と雪をかぶった雄阿寒岳（1370m）が見えてきました。

北海道・雄阿寒岳

南アルプスを飛び越える高積雲

南アルプスは標高 2000m 以上の山々が連なっています。
厚さのない高積雲がアルプスの山地のはるか上を飛び越えて流れています。
高積雲は高さ 2000m ～ 7000m にできる雲。高い高度にできたものは山岳地形の影響をあまり受けなくてすむようです。たくさんの雲片が同じ高さの層にあるのがわかります。

雪をかぶる雌阿寒岳山頂の雲

夕日に照らされる雌阿寒岳 (1499m)、阿寒富士 (右端 :1476m)。雌阿寒岳山頂は小さな雲で覆われて、火口が見えなくなっています。奥には層積雲の雲海。

山地地形にまとわりつく層雲

山地地形と下層にできる雲は切っても切れない関係にあります。地形によって上昇気流ができ、それによって雲の形も変化するからです。
この写真ではたくさんの山々の山肌に雲がまとわりついて流れているようすがわかります。左上に見えるのは槍ヶ岳。

コラム

飛行機から雲の写真を撮るときのカメラ

飛行機から見える雲を写真に残したいときはどんなカメラを使えばよいのでしょうか？

答えは簡単、どんなカメラでもOK。でも、「きれいな写真を撮りたい」というなら、ちょっと工夫も必要です。私が考える、飛行機から写真を撮るための理想のカメラとは次の3点を満たしたものです。

1. 撮像素子のサイズができるだけ大きなカメラ
2. レンズは35mmカメラ相当で28mm程度の広角から80mm程度の中望遠の使えるもの
3. 軽くて、小さく、そして音の出ないカメラ

雲は輝度差が激しいため、できるだけ白飛びしにくいラージフォーマットのカメラがベスト。飛行機の窓は小さいので28mm相当の広角レンズで見える範囲をほとんどカバーできます。ただし、取り回しのよいサイズの軽いカメラが理想。窓枠ギリギリでカメラを横にしたり、逆さにしたりして撮影することもあるからです。最後の「音の出ないカメラ」の理由はエピローグで説明します。

写真は筆者が飛行機から写真を撮るときに愛用のカメラ。いくつも試して、やっとたどり着いた理想の「飛行機内カメラ」です。

第15章

雲と光の模様

もし太陽の光がなければ地球上はほとんど真っ暗闇の世界です。生命をはぐくむような温度も、エネルギーも存在しません。つまり、私たちの存在すべての源が太陽のエネルギーであるといってもいいでしょう。

太陽からの光は、はるか1億5000万kmという途方もない距離を旅した末に地球に到着し、空から降り注いで私たちに光と温度（熱）を与えてくれています。

宇宙空間を旅して地球に到着した太陽光は、地球の表面に達するわずか10kmほど手前で雲にぶつかりさえぎられ、反射され、あるものは散乱されて色を生み、さまざまな現象をつくります。そう考えると、雲と太陽光がつくる光の模様は、本当に偶然がつくる貴重なものだと思えてきます。

本章では太陽から届いた光と雲がつくる景色をいくつかご覧いただきます。それは、ここまでのページで紹介してきた「雲そのものの姿」とは違った、いろいろな「光と色の模様」です。

地上から見た光の筋「光芒（こうぼう）」。輪郭の明瞭な積雲や層積雲によって太陽光がさえぎられてできる現象。

1 夕日に照らされる積雲の雲頂部

朝夕に赤く染まる雲景が立体的で美しいのは、地上からでも同じ。でも、雲頂部は凹凸が激しいことで夕日で輪郭が際だち、上空から眺める夕景はまた違った美しさです。遠くに見える美しい山のシルエットは開聞岳。

鹿児島県上空

2 地上に降り注ぐ光の束：光芒

層積雲の隙間から漏れた太陽光が光線をつくって地上に落ちています。地上から見た光芒はカーテン状に幕を張ったように見えますが、飛行機から見ると立体的に奥行きがあるのがわかります。
光の筋ができるのは、空気中に含まれている無数のチリや水滴が光を散乱するから。

千歳空港から上昇中

3 層積雲から漏れる光と海面とのコラボ

層積雲から漏れる太陽光が海面に反射して、オレンジ色の不思議なまだら模様をつくっています。層積雲や積雲は輪郭がはっきりしているので、このような地表面の模様や、光芒などの光の現象をつくり出すことがよくあります。ちょうどp.124の「積雲の影」と反対の原因で見えている現象。

富山県沖

4　平行に落ちる影

輪郭のほどけた積雲から、たくさんの平行な影が落ちています。大気中には水滴や海塩粒子、土壌粒子など多くの微粒子が浮遊しており、太陽光がこれらの微粒子によって散乱されて大気の透明度が下がります。ここに輪郭の明瞭な雲があると、このようにはっきりと平行の黒い筋ができることになります。p.121 の光芒とは逆の現象といったところですが、この現象も同じ「光芒」と扱われます。

青森県上空

5 地表に落ちる積雲の影

地表にところどころシミのような黒い斑点が見えています。「おや、公園か何かかな？」と、じっくり観察。その上の積雲と形が対応していることで、このシミは積雲の影だとわかりました。
積雲は地表近くにでき、輪郭が明瞭なために、このようなはっきりした雲の影ができます。この影の中にいる人から見れば、太陽が雲の陰に隠れていることになります。 東京都上空

6 層積雲の隙間から漏れる光

飛行機は高度を下げて雲を抜け、着陸の準備に入っています。
層積雲の隙間からは光芒が地表に向かって落ちているのが見えます。太陽からの光は厚い雲にさえぎられていますが、そのほんのわずかな隙間をすり抜けられた光だけが、地上にまで届くことができるのです。着陸まであとわずか。楽しい天空の空中遊泳も終わり、私も地上の世界に戻ります。

石川県小松市上空

地表の斑点の正体

地表面にたくさんの黒い斑点模様ができています。
よく見てみると、積雲の配列と影の配列が同じことがわかります。黒い斑点の正体はすべて積雲の影だったのです。

海面に映る積雲の黒い影

春の暖かい午後、太平洋にはたくさんの積雲の偏平雲群が静かに流れています。下の海面には雲の数と同じだけの黒い影が落ちて模様をつくっています。

第16章

光と色の現象

地上で見た虹。虹は雨粒が原因で現れる現象。上空では地上とはまた別の姿を見せてくれる。

雲をつくる雲粒は下層の雲では小さな水滴、上層の雲では小さな氷の粒です。

これらの粒は直径約 0.01mm 程度の大きさ。あまりに小さくて軽いので落下速度が小さく、なかなか落ちてくることができず、いつまでたっても空中に浮かんでいるように見えます。

雲粒は透明で、とても規則正しい形をしていることから太陽の光を規則正しく屈折させ、反射させ、あるときは散乱させて、「大気光象」と呼ばれるたくさんのおもしろい光の現象をつくり出します。

とくに氷の粒による光の現象は太陽の周囲に美しい光のラインや色づいた光点を出現させます（下図）。

もちろん、大気光象の多くは地上からも見られ、これを狙って観測するファンも多く、雲の観測者たちがレアな現象を狙って日々観測を行っているほどです。これら、大気光象も飛行機から見ると地上からとは少し違った姿を見せてくれます。地上と違って、視野をさえぎる地表がないからです。地上からでは決して見ることのない、見下ろす大気光象が飛行機からなら見られるのです。

飛行機からのこれら光の現象も雲同様、私たちを充分楽しませてくれます。

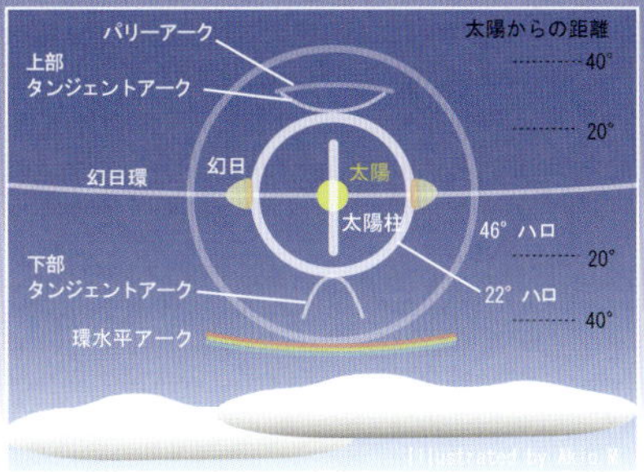

太陽の周囲で起きる大気光象。

1 雲上の大気光象

雲を抜けた瞬間、太陽を貫く太陽柱と左右の幻日が見えてきました。 旅客機の多くは高度 10000m 以上を飛行します。そこは低温の氷の世界。空気中の水蒸気は水滴ではなく、小さな氷の結晶となって浮遊し、太陽の光を反射・屈折させてさまざまな現象を見せてくれます。

羽田空港から北へ上昇中

2

半円を超える虹

上空の層積雲からの降水で虹ができています。
地上から見える虹は、地表面があるために普通半円を超えて見えることがありません。ところが、飛行機から見る虹は、邪魔するものがないので水平より下にもでき、うまくいけば1周360度の姿を見せてくれます。ただし、飛行機の窓は狭く、一度に全周の虹を見ることができるチャンスは多くはありません。まさにタイミングと虹の方向次第。見る人の運がすべてです。

東京湾上空

3 七色の輪：光輪

高積雲の雲頂に七色の光の輪ができています。これは雲粒による太陽光の散乱・回折によって起きる「光輪（こうりん)」という現象。
光輪は観察者から見て太陽の反対側にできます。山に登ったときに見られるブロッケン現象はこれと同じ現象。光輪の中央には小さく飛行機の影が見えています。

千歳空港から上昇中

4 白虹

真っ白で平坦な雲の上面に、巨大な光の円が現れました。太陽と反対側にできる、「白虹（はっこう）」です。通常の虹よりはるかに小さな水滴でできる虹は色が分かれて見えることがなく、このように真っ白な光のリングとなります。雲をつくる水滴の大きさは通常直径 0.01mm 程度。この大きさの水滴で、虹は色づくことはありません。　東北沖太平洋上

5 幻日

上空の巻雲の一部分だけが明るく輝き、色づいています。これは幻日といい、高層の雲をつくっている六角柱状の小さな氷の粒によって、光が屈折して起きる現象です。
幻日ができるということは、巻雲は水滴ではなく氷の粒でできているという証しでもあるのです。

北海道・十勝平野上空

6 下部太陽柱と映日

12月末のアラスカ。飛行機が降下をはじめて雲の中に入ると、太陽の下にすーっと明るい光の筋が伸びました。中央が明るいのはこの部分に「映日（えいじつ、p.136参照）」があるから。映日を中心にできた太陽柱(たいようちゅう)という現象です。 アラスカ上空

7

太陽の正反対側の印：向日

早朝、眼下はうっすらと霞状の薄い雲に覆われていました。

外を眺めていると、なにやら視野の真ん中に白い斑点があります。錯覚かと思って目をこらしていると、雲は流れても、この白色の点は視野の中でずっと同じ場所に存在し続け、飛行機を追いかけてきます。

太陽高度はまだ高くなく、私たちと反対の窓からは強い朝日が差し込んでいることからも、これは観察者から見て太陽とは正反対の位置（向日点）にできる「向日（こうじつ）」というめずらしい現象だとわかります。雲をつくっている小さな粒が太陽光を後方散乱することで見える現象。

シアトル沖太平洋上

8

下部タンジェントアーク

飛行機の窓の左端にすばらしい現象が起きているのが見えました。円形のハロ（光の輪）に接するように下方に伸びる「下部タンジェントアーク」です。下に行くに従って光芒が扇状に広がっているのがわかります。ただ、運悪く飛行機の進行方向に近いために、窓の端に近い位置にしか見えず、本当の美しさを写しとどめることができませんでした。
こんなときは心の中で「操縦士よ、何とか進路を変えて!」と叫びながら、カメラの位置をあちこち変えて写真を撮ることになってしまいます。

北海道上空

3D 見えない鏡に映る太陽

高層雲の雲頂部に輝く楕円形の光点があって、飛行機を追いかけてきます。この光点は無数の小さな板状の氷の粒（氷晶）で、太陽光が反射して起こる「映日（えいじつ）」という現象。つまり、水面に映る太陽と同じように、空中にでき　　たほとんど見えない鏡が太陽の姿を映し出しているわけです。
3D で見てみると映日が雲の上ではなく、下の海面よりもっと向こうにあるように見えます。映日は実在しているものではなく、無限遠にある太陽が映った像だからなのです。

ミニ解説

光の現象をつくり出す氷晶のはたらき

上層雲（巻雲・巻積雲・巻層雲）は低温のために水滴が凍結した小さな氷の粒＝「氷晶」からできています。

氷晶は平面からなる規則正しい六角柱、あるいは六角板状をしており、これによって太陽光を屈折させたり、反射したりして本章に紹介したようないろいろな光の現象を発生させます（右図）。

氷晶が太陽光を曲げる効果は大きく分けて図の3種類。太陽光は① 60° プリズム効果で約 22° 屈折し、② 90° プリズムの効果では約 46° 屈折します。この規則正しい屈折の効果と③の反射鏡としての役割で、ハロや太陽柱、幻日など、この章で紹介したようなさまざまな現象が現れるのです。

ただし、本章の写真2の虹は雨粒による現象、3と4は微小な水滴による光の反射・屈折によって現れる現象です。

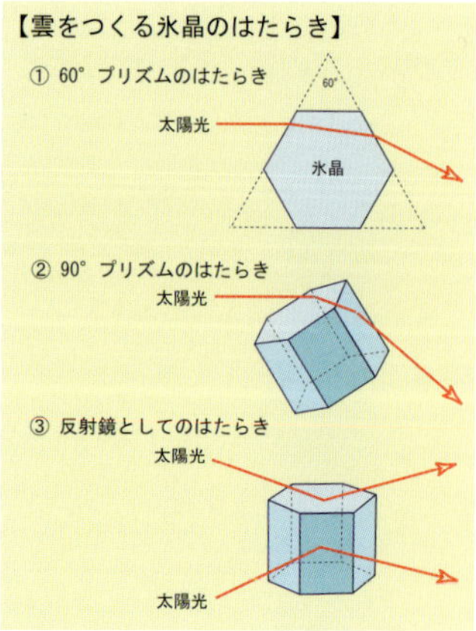

エピローグ

飛行機から雲を楽しむために

本書では、ここまで空から見た雲たちの美しく不思議な姿を楽しんでいただきました。

視点を変えて雲を見ることで、たくさんの新しい発見が生まれることがおわかりいただけたのではないでしょうか。また、これまでに体験したことのない、雲の新しい魅力にも気づかれたと思います。「今度飛行機に乗ったら、雲を見てみよう」、そんな気持ちになりませんでしたか？

雲に限らず、なにごとも楽しみ方は人それぞれ。決まったものはありません。皆さんそれぞれが、それぞれの方法で雲を楽しんでいただければよいのですが、ちょっとした工夫でより楽しめる場合もあります。ここでは飛行機で雲の観察をするときのテクニックや気をつけることなどをいくつかお教えします。

1　飛行機に搭乗するまでの準備

❶窓際の座席を確保する

当然といえば当然ですが、飛行機から雲を楽しむためには、まず窓際の座席に座る必要があります。大型旅客機は横に８列のシートがあります。特別何も手を打たなければ、窓際に座ることができる確率は、「左右２つの窓÷座席数」なので、２÷８＝２割５分。雲の観察者としてはこの確率はどうにも我慢できません。

飛行機からの雲の観察は窓側の座席を確保することからはじまる。

そこで、窓際に座れるよう、いろいろと手を打つことになります。たとえば航空券を旅行会社に座席ごと押さえて取ってもらうのもよいでしょう。インターネットで早期に予約してしまう方法もあります。それでもだめなら、最終的には搭乗当日、早めに空港へ行って航空会社のカウンターで座席を取ります。私の場合、これらの方法を使って窓際率は９割を超えています。

❷飛行ルート・季節・時刻を考えて左右どちらの窓にするか作戦を立てる

太陽高度が低いとき、太陽側の窓には直接太陽光が入り込み、まぶしくて観察どころではなくなります。反面、夕方には雲頂を赤く照らす夕焼けや、地上ではお目にかかれないようなすばらしい大気光象を目にするチャンスが待っています。また、海側と陸側という選び方もあります。たとえば夏の午後には内陸方向に巨大な積乱雲の柱が観察できることがあります。

つまり、季節やルートなどを考えて進行方向の右か左か、どちらの窓を確保するかも大切な作戦なのです。

❸黒っぽい服を着て搭乗する

飛行機の中は暗いですから、太陽光が差し込むような場合、窓には自分の姿が反射して映り込みます。白っぽい服や模様の入った服を着ていると窓に明るく映り、観察も撮影も大変やりづらくなります。これを避けるために黒っぽい服を着て飛行機に乗ることが必要です。とくに、写真撮影したいときは必須の準備です。

❹窓を拭くタオルを持つ

最近は、コスト削減のためか飛行機の窓が汚れていることが多くなりました。窓の汚れは当然観察の邪魔になります。タオルを準備しておきましょう。窓の外側が汚れているとどうしようもないのですが、内側なら離陸前にきれいに拭き取ってしまいます。

❺サングラスを準備する

雲の上は光に満ちあふれています。光をさえぎるものがなく、白い雲は光の反射率が高いからです。さらに高度10000m付近では、空気は地上の5分の1ほどと薄く、太陽光があまり減衰しないまま目に届くことも理由です。そのため、とくに太陽高度が高いときは裸眼で雲を見るとまぶしくて、とても目を開けていられないこともあります。そんなときは、サングラスをするとじっくりと美しい雲を楽しむことができます。目の健康のためにもサングラスをしたほうがいいでしょう。

さて、準備万端で無事飛行機に搭乗したら、あとはビールでも注文して、ゆっくりと自分だけの景色を楽しみましょう。

ビールを片手に飛行機から雲を眺めるのは最高！

2　今飛んでいる場所を知る・記録する

飛行機に乗っていると、自分が今どのあたりを飛行しているのかよくわかりません。しかし、地形が原因と思われるおもしろい現象を見つけたときなどは、自分がどこにいて、どちらの方向を見ているのかを知りたくなるものです。

また、飛行機から見える雲を写真に残す場合、その現象がどこで起きているのかを記録しておくと、あとで貴重な資料になります。

国内便であれば、どこを飛んでいるのか、窓から見える海岸線の地形や飛行ルートと時刻からおおよそ想像がつきますが、それでも地表が雲に覆われていたらわかりません。また、雲海から突き出た積乱雲や雲の壁の位置などは、自分の位置と向きがわからなければ確かめようがありません。

ましてや、国際線で長時間海上を飛行しているときは、

シアトル→成田便は北西に進路を取り、アラスカ・アンカレッジ上空を通過してベーリング海に抜ける。感覚的には何となくしっくり来ない。

今どのあたりをどちらに向かって飛行しているのか皆目見当がつかなくなります。そんなときに、強い味方になるのが機内のモニタに映し出されるGPSの位置情報。みなさん、ご覧になったことがある方も多いと思います。自分の現在位置・機体の向き・これまでの飛行ルート・これからの飛行ルート、そして高度・速度までが正確に表示されます。このGPS情報が表示されているモニタを定期的に撮影しておくと、あとで雲を撮影した時刻から場所や高度をかなり正確に特定することが可能になります。

上の写真はシアトル－成田便でのモニタ画面。シアトルから飛び立った飛行機はアラスカ上空を飛び、ベーリング海を通るルートで飛行します。これほど北極よりに飛行しているということは、モニタを見てはじめて認識できます。有益な情報源GPSを活用しましょう。

3　飛行機から雲の写真を撮るときのコツ

飛行機からの美しい眺めを写真に残したいと思うのは当然です。ところが、飛行機からの雲を美しく写真に残すのはそれほど簡単ではありません。飛行機からの雲の写真は、「対象が雲」であるという点、通常の環境ではない「高度10000mでの撮影」であること、「飛行機の窓越しの撮影」であり、「その視野と自由度はとても限られている」という4つの点で、普段の風景写真とは決定的に異なっています。

そこで、少しでもきれいに写真に残したい方のために、飛行機からの雲の写真撮影で誰もが感じると思われる問題点について、その原因と対策を挙げてみましょう。

問題点　どうしても露出不足になり雲が暗く写る
原因→　雲は白く、輝度が高い
対策→　露出を＋に補正して撮影する

雲は写真の被写体としては特殊です。面積のほとんどが輝度の高い「白」で占められています。雲を普通に撮影すると、カメラは輝度の高い雲を中間の明るさになるように露出を調節してしまうため、本来真っ白であるはずの雲がすべて「灰色」に、真っ青なはずの空は群青色に写ってしまいます。

とくに太陽高度が高いときの雲は輝度が高く、露出がアンダーになりやすいので注意が必要。+0.7段程度の補正をしておくことが大切です。

ただし、写野に地表が多く入るようなときは、逆に暗い地表面に露出が合ってしまい、雲が真っ白に飛んでしまうこともあります。このようなときは露出補正をしないなど、臨機応変な対応も必要です。

問題点　写真に黒い斑点や筋が写る
原因→　窓の傷・汚れが多くて写真に影響する
対策❶→できるだけ汚れのない部分を通して撮影する
対策❷→窓にできるだけ接近して撮影する

飛行機の窓には多くの傷や汚れがついているのが普通です。とくに太陽側の座席では、窓の状態が大きく写真の写りに影響します。窓を通して写真を撮ると、当然、傷や汚れも写真に写り込むことになります。

そこで、まずは窓面の中でなるべく傷や汚れのない場所を見つけて、その場所を通して撮影することが大切です。それでも狭い飛行機の窓からの撮影では汚れやゴミを避けられないこともあるでしょう。そんなときは、できるだけレンズを窓に接近させて撮影しましょう。小さなゴミくらいなら、ぼけてしまうからです。

写真に写ったたくさんの斑点状の汚れ（写真上部の薄黒い斑点）。せっかくの美しい景色も台無し。

問題点　それでも細かな黒い点が写り込む
原因→　窓に細かな傷がたくさんある
対策→　絞りをなるべく開けて撮影する

前項の対策でいくら頑張っても、汚れや傷がひどいときもあります。

次の手段は「カメラの絞りをなるべく開ける」こと。それによって、ピントが合う距離の範囲が狭くなるので、近い場所が大きくぼけて汚れが目立たなくなるからです。カメラのモードを「A（絞り優先モード）」に合わせて、絞りをできるだけ開放すればOK。

飛行機からの写真撮影はまず、「窓（の汚れ）との戦いからはじまる」といってよいかもしれませんね。

問題点　自分の姿が窓に映り込んでしまう
原因→　自分の着ている服に問題あり
対策→　黒っぽい服を着て搭乗する。またはカメラを覆う黒い布を持っていく

太陽側の座席に座っているとき、窓から差し込んだ太陽光が自分の着ている服に反射して、窓に映り込むことがよくあります。ストライプや模様の入った服を着ていると最悪です。私は飛行機に乗るときには黒っぽい服を着ることにしています。それがどうしてもむずかしいときには黒い布を持っていき、撮影するときにレンズの周囲を隠すことで、ある程度映り込みを防ぐことができます。

雲の影に映り込んだ縞模様（赤矢印）は着ていたシャツのストライプ。写真を撮っているときには気がつかない。

問題点　何となくぼんやりして、色が青っぽい

原因１→飛行機の窓は透明度が悪く濁っている

原因２→大気中の水分やチリが透明度を悪くする

原因３→上空は太陽光の減衰がないため、全体的に青色が強い環境である

対策❶→写真を画像処理ソフトで後処理する

対策❷→カメラのホワイトバランスを変更する

飛行機の窓は一見透明に見えますが、古い飛行機ほど透明度が悪く、濁りや細かなひびなどもあります。だから、そのまま撮影しても、見たとおりの色で写ることはほとんどありません。

おまけに飛行機からの撮影は、つねに被写体である雲までの距離が遠いので、写りは大気の状態に大きく左右されます。とくにヘイズ（水分や空気中の細かなチリ）が多く透明度が悪いときの景色はコントラストがないぼんやりした写真になります。

写真の写りを悪くする原因としてさらに挙げられるのは、上空では光に青の成分が多いということです。そもそも地上で私たちが見る太陽光は、大気によって青色の成分が散乱・減衰したあとの光なのです。飛行機から見る太陽光は、青が減る前の光なので、地上に比べて青っぽい色をしていることになります。

以上のことにより、上空からの雲の写真を地上からの見ためと違和感のない色・コントラストにするには、撮影後にPCで画像処理ソフトを使って色調整をすることが必要です。

こういうとなんだか面倒くさそうですが、作業は単純、カラーバランスを調整し、コントラストを若干上げて、最後にアンシャープマスクを効かせて像の切れ味を上げます。やり過ぎは禁物ですが、これだけでずいぶんと見やすい写真ができあがります。

ただし、比較的低空で透明度がよいとき、夕暮れなど赤色が強い時間帯は、後処理なしのそのままでも充分美しい写真を撮ることができます。

4　飛行機内で写真を撮るときに気をつけること

電車やバスの中では「携帯電話で通話しない」というのと同じように、飛行機の中で雲の写真を撮るときにも、ちょっとした配慮や注意が必要です。

❶一眼レフなど音の出るカメラは使わない

飛行機のエンジン音は大きいとはいえ、カメラのシャッ

処理前：飛行機の窓からの写真は、窓の状態や大気の状態に大きく影響を受ける。透明度が悪いと景色はこのとおり。

処理後：ちょっとした手間をかけるだけで、写真はずっと見やすくなる。

ター音のような金属音は周囲の人にとっては非常に気になります。乗客の中には休んでいるビジネスマンも多いのです。機内ではシャッター音の大きな一眼レフカメラは使用しないのが常識。それ以外のカメラでも音を出さない設定にするのがマナーです。

❷窓を傷つけないように気をつける

夢中になって写真を撮っていると、どうしてもレンズの先端と窓がぶつかります。飛行機の窓はプラスチックで柔らかく、金属とぶつかると非常に傷がつきやすいのです。レンズに手をそえるなど、気をつけて撮影しましょう。

❸離陸時、着陸時はデジタルカメラを使わない

航空法で離着陸時の電波を出す電子機器の使用は禁止されています。離陸時と着陸時には「すべての電子機器のスイッチをお切りください」とアナウンスが流れます。指示にはきちんと従いましょう。安全のため、ルールを守って楽しむことを心がけてください。どうしても低空で写真を撮りたい方は、フィルムカメラを準備すればよいでしょう。

おもしろい写真や美しい写真が撮れたら、ブログやwebページなどで公表して、多くの人に楽しんでもらえれば、さらに楽しみが広がっていきます。あなたは普段は目にできない世界の目撃者なのです。

狭い機内、まわりの人たちに充分気を配って楽しみましょう！

あとがき

雲は私たちが見慣れている下面よりも、普段は目にすることのない上面の方がダイナミックで、変化に富んでいます。雲底の平らな積雲や暗く変化の少ない乱層雲も、その雲頂は凹凸あふれる複雑な形状で、その動きが手に取るようにわかります。また、地上は厚い雲に覆われる日でも雲を抜けると青空が広がり、厚い雲の上には何層もの雲たちが層をつくって乱舞しています。飛行機の窓からの雲は、それまでに見たこともない、普段とはまったく異なった表情を見せてくれるのです。

著者はとくに飛行機に数多く乗る生活をしているわけではありません。「日常的に飛行機を利用して移動している」とか、「飛行機が好きでたまらない」というようなことはなく、飛行機に乗る機会は年にせいぜい3～5回、旅行や仕事で移動するときだけ。

それでも、飛行機に乗るときにはいつもワクワクします。それはもちろん、飛行機の窓から眺める美しく神秘的な雲が楽しみだからです。

陸と空と海が交わる光景を見ると、人の住む世界が実はとても狭いことに気づく。

みなさんも仕事や旅行で飛行機に乗るときには、窓の外に広がる雲たちに注目してみてください。そこには誰も気がつかないすばらしい別世界が広がっています。

ひとたび、その楽しみを知れば、退屈なはずの時間もあっという間に過ぎていくことでしょう。本書がそんな新しい雲の楽しみ方を知るきっかけになれば、著者としてはうれしい限りです。

なお、本書を執筆するにあたり、草思社の久保田さんには前回同様いろいろな示唆をいただきました。また雲仲間の鵜山さん、いつもブログへ来て励ましてくれるミユサルインさん、らぶらびさん、Quickさん、そのほかのみなさんありがとう。みなさんの言葉すべてが私のエネルギーになっています。

2013年6月　村井 昭夫

著者略歴

村井昭夫《むらい・あきお》

石川県金沢市生まれ。信州大学・北見工業大学大学院博士課程卒。雲好きが高じて気象予報士(No.6926)に。2012年、雪結晶の研究で博士(工学)に。

日本雪氷学会、日本気象学会会員。Murai式人工雪結晶生成装置で2007年日本雪氷学会北信越支部雪氷技術賞受賞。

著書に『雲のカタログ』(共著、草思社)、『雲三昧』(橋本確文堂)、訳書に『驚くべき雲の科学』(草思社)がある。

Blog「雲三昧」:http://blogs.yahoo.co.jp/akinokos

雲のかたち立体的観察図鑑

2013年7月25日　第1刷発行

著者　村井昭夫
装丁者　Malpu Design(清水良洋)
発行者　藤田 博
発行所　株式会社 草思社
〒160-0022　東京都新宿区新宿5-3-15
電話　[営業]03-4580-7676　[編集]03-4580-7680
振替　00170-9-23552

印刷　日経印刷株式会社
製本　大口製本印刷株式会社

ISBN978-4-7942-1988-6 Printed in Japan 検印省略
http://www.soshisha.com/